Sarah Renner

Homöopathie bei Tieren

an 20 Fallbeispielen erklärt

Ulmer

Inhalt

„Man wird mir leicht einräumen, dass die Tierheilkunde im
Allgemeinen auf sehr ähnliche Weise wie die Menschenheil-
kunde behandelt und dass jene dasselbe Ideal zu Grunde
gelegt werden müssen als letzterer (...)“
(Hahnemann, Samuel zit. nach Bentz, H., 1956).

▷ Vorwort

Dieses Buch zeigt die Anwendung homöopathischer Therapien in der Tierheilpraxis und bietet praktische Hilfe von der ersten Konsultation des Tier-
heilpraktikers bis zur Verlaufskontrolle. Es ist ein Buch **aus der Praxis für
die Praxis**! Insbesondere gehe ich auf die Schwierigkeiten bei der Behandlung von Tieren ein und zeige, dass auch schwer kranke Tiere mit Erfolg
behandelt werden können. Ich möchte mit diesem Buch den Leser dazu
animieren, sich mehr mit der Homöopathie und ihren Möglichkeiten aus-
einanderzusetzen.

Die **Fallbeispiele** sind so aufgebaut, dass an ihnen geübt werden kann –
aber natürlich ist jeder Fall einzigartig und in ähnlichen Fällen können
die Vorgehensweise und die Medikamente ganz andere sein. In ihren Informationen und der Darstellung entsprechen die Fallbeispiele der Realität
in meiner homöopathischen Praxis. Zu Beginn stehen die Beispiele aus der
klinischen Homöopathie (Fälle 1 bis 3), darauf folgen Beispiele aus der
klassischen Hömöopathie (Fälle 4 bis 17) und abschließend Fälle, in denen
homöopathische Kominationstherapien angewendet wurden
(Fälle 18 bis 23).
In sich sind die Fallbeispiele so angeordnet, dass einfachere Fälle zu Beginn
stehen und kompliziertere Fälle am Schluss. Alle wichtigen **Fachbegriffe**,
die im Buch und besonders in den Fallbeispielen vorkommen, finden Sie in
der „**Erläuterung wichtiger Fachbegriffe und Abkürzungen**“ am Ende des
Buches (siehe Seite 88 ff.).

**Das Buch kann aber nicht den Gang zu einem erfahrenen Therapeuten
ersetzen!**

▷ Dank

Ein besonderer Dank gilt meinem Mann und meiner Tochter, die sich nicht darüber beklagten, dass ich viel arbeitete und mit großer Geduld ertrugen, dass ich endlose Stunden am PC mit Schreiben, Lektorieren und Korrigieren zubrachte. Ich möchte auch besonders meiner Mutter und Nicole O. danken, die wiederholt gegengelesen haben und mir Tipps und Ratschläge gaben. Ein weiteres Dankeschön gilt Melanie V., die immer ohne Klage in der Not einsprang, wenn ich in der Alltagsarbeit unterzugehen drohte. Bedanken möchte ich mich auch bei meinem Verlag, der dieses Buch erst möglich gemacht hat.

Merenberg, Frühjahr 2008
Sarah Renner

Wichtiger Hinweis

Vor der Anwendung bei Tieren, die der Lebensmittelgewinnung dienen (darunter fallen zum Beispiel auch Kaninchen und Pferde (Equidenpass)), ist auf die in den einzelnen Ländern unterschiedlichen Zulassungen und Anwendungsbeschränkungen zu achten. Grundsätzlich dürfen nur solche Arzneimittel verwendet werden, die speziell für diese Tierarten zugelassen sind. Eine Umwidmung ab D6 durch den Tierarzt ist möglich. Es wird hiermit besonders auf die „Verordnung über Nachweispflichten für Arzneimittel, die zur Anwendung bei Tieren bestimmt sind" (vom 2. Januar 1978, BGBl I 1978, 26) und auf andere gesetzliche Bestimmungen (Arzneimittelrecht, Tierschutzgesetz, Tierseuchengesetz), die die Ausübung der Tierheilkunde betreffen, verwiesen.

▷ Was ist Homöopathie?

Die Homöopathie gehört zu den klassischen Behandlungen der Naturheilkunde. Deren zentraler Therapieansatz heißt: **Ähnliches werde mit Ähnlichem geheilt** (lat. *Similia similibus curentur*). Das bedeutet, dass ein Arzneimittel, das beim Gesunden bestimmte Beschwerden hervorrufen kann, dieselben Symptome beim Kranken heilen kann. Das Wort „Homöopathie" leitet sich aus dem Griechischen von *hómoios* = das Ähnliche und *pathos* = das Leid ab. Als Begründer der Homöopathie gilt Christian Friedrich Samuel Hahnemann (1755 – 1843), die Ursprünge reichen aber weiter zurück. Erste Erwähnungen eines Ähnlichkeitsprinzips finden sich bereits in der Antike bei Ägyptern und Pelasgern (eines der ältesten Völker Griechenlands).

In der westlichen Welt findet sich das Ähnlichkeitsprinzip weiter überliefert zum Beispiel bei Pythagoras (~570 – 510 v. Chr.), Hippokrates (460 – 377 v. Chr.) und Paracelsus (1493 – 1541 n. Chr.): „*Weißt Du, dass eine Krankheit arsenikalisches Geprege hat, zeigt Dir dises die Kur an. Denn Arsenik heilet Arsenik, Anthrax heilet Anthrax, wie Gift nun einmal Gift heilet.*" (vgl. Paracelsus: Vom Irrgang der Aerzte 1537 / 38).

Den zentralen Therapieansatz baute Samuel Hahnemann weiter aus und begründete damit die Homöopathie. Er beschrieb dabei, dass der gesetzte Reiz stärker sein muss als die Krankheit: „*Das Heilvermögen der Arzneien beruht daher (§12 – 26) auf ihren der Krankheit ähnlichen und dieselben an Kraft überwiegenden Symptome am ähnlichsten und vollständigsten im menschlichen Befinden selbst zu erzeugen fähigen Arznei, welche zugleich die Krankheit an Stärke übertrifft, am gewissesten, gründlichsten, schnellsten und dauerhaftesten vernichtet und aufgehoben wird.*" (vgl. Hahnemann, 2006, §27). Zum **Wirkmechanismus der Homöopathie** gibt es heute verschiedene Denkmodelle. Hahnemann selbst sprach von einer Verstimmung der sogenannten **Lebenskraft**, die durch die homöopathischen Arzneistoffe wieder umgestimmt wird: „*Von schädlichen Einwirkungen auf den gesunden Organism, durch die feindlichen Potenzen, welche aus der Außenwelt her das harmonische Lebensspiel stören, kann unsere Lebenskraft als geistartige Dynamis nicht anders denn auf geistartige (dynamische) Weise ergriffen und afficirt werden und alle solche krankhafte Verstimmungen (die Krankheiten) können auch durch den Heilkünstler nicht anders von ihr entfernt werden, als durch geistartige (dynamische), virtuelle Umstimmungskräfte der dienlichen Arzneien auf unsere geistartige Lebenskraft, persipirt durch den, im Organism allgegenwärtigen Fühlsinn der Nerven. Demnach können Heilarzneien, nur durch* *dynamische Wirkung auf das Lebensprincip Gesundheit und Lebens-Harmonie wieder herstellen (...)"* (vgl. Hahnemann, 2006, §16).

Hans Wolter beschreibt den Wirkmechanismus wie folgt: *„Der gestörte Organismus wird aktiv in das Krankheitsgeschehen einbezogen. Die Reaktionslage, die sich durch die Erkrankung ergibt, wird durch die Medikation genutzt, um die pathologischen Reaktionen in therapeutische Bahnen zu lenken. Der Patient wird somit angeregt, seine eigene Kraft gegen die Krankheit einzusetzen."* (vgl. Wolter, 1996). Die homöopathische Arznei leistet also **Hilfe zur Selbsthilfe**. Das entscheidende hierbei ist, dass der Körper in der Lage ist, auf den gesetzten Impuls zu reagieren. Sind die Regulationsmechanismen in Ordnung, ist das biologische System in der Lage zu antworten.

Auch moderne Homöopathen wie Georgos Vithoulkas beziehen sich auf die von Hahnemann benannte Lebenskraft, wobei Vithoulkas das Prinzip der verstimmten Lebenskraft näher erläutert und die homöopathische Wirkung mit dem Resonanzprinzip erklärt. Dabei bezeichnet er die Lebenskraft als *„dynamisches Feld, das alle Seinsebenen gleichzeitig, allerdings mit unterschiedlicher Qualität und Stärke durchdringt und erhält"* (vgl. Vithoulkas, 2005, S. 55). Dieses dynamische Feld reagiert bei einem ausreichend starken Reiz mit einer Frequenzänderung, das Abwehrgefüge wird in Aktion gesetzt und man sieht Krankheitssymptome. Ein homöopathisches Arzneimittel ist nun wiederum in der Lage, die veränderte Eigenfrequenz zu regulieren und damit heilende Prozesse auszulösen.

Da dies nur Denkmodelle sind, lassen sich damit nicht alle beobachteten Phänomene in der Praxis erklären. Außerdem konnte bis heute kein allgemeingültiges Wirkprinzip in der Homöopathie naturwissenschaftlich bewiesen werden.

In der Praxis heilt Homöopathie nach bestimmten Gesetzmäßigkeiten (Hering'sche Regel):
• von innen nach außen
• von oben nach unten bzw. von vorn nach hinten beim Vierfüßer
• in der umgekehrten Reihenfolge des Auftretens der Krankheitssymptome

Homöopathische Mittel basieren auf **natürlichen Stoffen** – in teils sehr hoher Verdünnung. Hahnemann verwendete damals nur pflanzliche, tierische, mineralische und chemische Arzneien seiner Zeit. Heute haben wir ein weitaus vielfältigeres Spektrum zur Verfügung. Zusätzlich gibt es heute viele artverwandte Richtungen. Das sind zum Beispiel die Komplexmittelhomöopathie, Schüssler Salze, Homotoxikologie, Isopathie, Spagyrik und anthro-

posophische Arzneimittel. Allen gemeinsam ist oft nur noch die Verdünnung beziehungsweise Potenzierung (Verdünnung und Dynamisierung)
der Substanzen.

Homöopathische Mittel werden meist als **Globuli**, **Tropfen** oder **Tabletten**
verabreicht. Globuli sind kleine Streukügelchen aus Rohrzucker und stellen
die bekannteste Darreichungsform dar. Außerdem sind viele weitere Darreichungsformen wie zum Beispiel Parenteralia, flüssige Einreibungen, Salben,
Suppositorien, Augentropfen, Mischungen, Globuli velati, spagyrische Tink-
turen, Nasentropfen usw. erhältlich.

▷ Die homöopathische Arzneimittelprüfung

Eine Grundvoraussetzung für die Anwendung homöopathischer Arzneimittel ist die Arzneimittelprüfung. Diese beinhaltet die Prüfung der Auswirkun-
gen eines Arzneimittels auf Gesunde. Die homöopathische Behandlung
beruht auf der Kenntnis der Symptome, die ein Mittel bei einem gesunden
Menschen auslösen kann. Diese Mittel können sowohl als Ursubstanz als
auch als Höchstpotenzen geprüft werden. Hierbei gibt es keine einheitlichen
Vorschriften. Das Ergebnis wird als **Arzneimittelbild** bezeichnet. Es gibt bis
heute keine Arzneimittelprüfungen speziell an Tieren, sodass die Prüfsymptome aus dem Humanbereich stammen und durch Erfahrungen verifiziert
wurden. „*Wenn man diese Angaben mit den an Menschen gewonnenen Arz-
neimittelbildern vergleicht, so erkennt man, dass kein großer Unterschied
besteht. Die Tiermedizin kann daher im Allgemeinen auch gut mit Arznei-
telbildern der Menschen arbeiten, sofern nur die objektiven, nicht die subjek-
tiven Symptome berücksichtigt werden.*" (vgl. Wolff, 1979). Grundsätzlich
kann man sagen, dass viele psychische Symptome aus verschiedenen Gründen beim Tier nicht erhoben werden können. Diese Symptome sollten auch
immer sehr bedacht eingesetzt werden, da durch die vielen Rassezüchtun-
gen verfälschte Bilder entstehen können. Ein Labrador zeigt ein anderes
Grundverhalten als ein Bernhardiner und spezifische Abweichungen des in-
dividuellen Patienten sind oft schwer zu beurteilen.
Die Arzneimittelbilder können in den sogenannten **Materiae medicae** nachgelesen werden. Zwei der bekanntesten Materiae medicae sind die von
J.T. Kent für Menschen und die von H.M. Steingassner für Tiere. In einer Materia medica sind die Arzneimittel mit ihren Prüfsymptomen alphabetisch

aufgelistet. Die einzelnen Arzneimittelbilder beinhalten eine Sammlung von Symptomen, die durch Arzneimittelprüfungen am gesunden Menschen, durch Vergiftungsfälle oder homöopathische Behandlung ermittelt wurden. Die Arzneimittelbilder sind schematisch aufgebaut. Zunächst werden die Allgemeinsymptome beschrieben, dann folgt eine Aufzählung der Symptome nach dem Kopf-zu-Fuß-Schema. Dabei werden auch die entsprechenden Modalitäten und psychischen Symptome beschrieben.

> Es gibt verschiedene **Arzneimittellehren**. Die erste verfasste Samuel Hahnmann selbst: die „Reine Arzneimittellehre", sie umfasst sechs Bände. In ihr werden die Symptome einfach nacheinander aufgelistet. Heute sind Arzneimittellehren, die in einem zusammenhängenden Text geschrieben werden, gebräuchlicher. Die Ausschnitte der Arzneimittelbilder der Fallbeispiele lehnen sich an die „Homöopathische Materia Medica für Veterinärmediziner" von H.M. Steingassner und an „Homöopathische Arzneimittelbilder" von J. T. Kent an.

▷ Die Potenzen

Potenzieren heißt, dass das Arzneimittel **dynamisiert** und in einem bestimmten Verhältnis **verdünnt** wird. Dabei spielt das Dynamisieren die wichtigere Rolle. Es bedeutet, dass die Arzneistoffe verschüttelt (Dilution) oder verrieben (Trituration) werden.

Ein Beispiel zur Verschüttelung: Ausgangsprodukt ist die sogenannte **Urtinktur**, meist aus einer Pflanze hergestellt, die das Symbol Ø erhält. Diese wird zunächst in einem bestimmten Verhältnis verdünnt und anschließend mit einer festgelegten Anzahl von Schlägen geschüttelt. Die beiden Schritte werden jeweils nacheinander pro Potenzierungsschritt durchgeführt. Nach dem Homöopathischen Arzneibuch (HAB) wird für jeden Potenzierungsschritt ein neues Glas verwendet, das ist die Mehrglasmethode (nach Hahnemann). Im Gegensatz dazu steht die Einglasmethode (Korsakoff-Methode), bei der jeder Potenzierungsschritt im selben Glas durchgeführt wird, die aber nach dem HAB in der Herstellung homöopathischer Arzneistoffe nicht erlaubt ist.

Für alle Herstellungsverfahren liegen exakte Anweisungen im HAB vor, die sich teilweise von den Anweisungen Hahnemanns unterscheiden. Üblicherweise werden Potenzen mit Buchstaben und Zahlen gekennzeichnet.

Die **Buchstaben** kennzeichnen das Verdünnungsverhältnis „ D" gibt zum Beispiel an, dass im Verhältnis 1:10 verdünnt wurde, wobei „D" für *decem* = zehn steht. C leitet sich ab von *centum* = hundert und sagt aus, dass im Verhältnis 1:100 verdünnt wurde. Bei „LM"- oder „Q"-Potenzen wird über definierte Vorschriften ein Teil Ausgangssubstanz 50 000-fach verdünnt.

Die **Zahlen** hinter den Buchstaben kennzeichnen, wie oft der Potenzierungsschritt wiederholt wurde. Es wird zum Beispiel ein Teil Ursubstanz mit 9 Teilen Verdünnungsmittel vermischt und dynamisiert. Die so hergestellte Lösung nennt man „D1". Wird die dann gewonnene Potenz noch einmal 1:10 verdünnt und dynamisiert, erhält sie die Bezeichnung „D2" usw. Ähnlich verhält es sich bei den C-Potenzen, nur dass hier ein Teil auf 99 Teile Verdünnungsmittel kommt. Vergleicht man nur die Verdünnungsgrade miteinander, so entspricht eine C2 also einer D4, allerdings ist eine D4 höher dynamisiert als eine C2. Das heißt also, das eine D4 nicht dieselbe Wirkung besitzt wie eine C2!

> Bis D6 / C6 spricht man von **Tiefpotenzen**, bis D12 / C12 von **mittleren Potenzen** und darüber von **Hochpotenzen**.

Bis zum Verdünnungsgrad von D23 lassen sich Moleküle der Ursubstanz, mit den heute der Wissenschaft zur Verfügung stehenden Möglichkeiten, nachweisen. Die Verdünnungen in der Homöopathie sind aber häufig so hoch, dass im fertigen Medikament – chemisch gesehen – kein Wirkstoff mehr vorhanden ist. In der Homöopathie wird die Heilkraft als eine Art **Information** gesehen, die auch unabhängig vom Wirkstoff weitergegeben werden kann.

> Buchstaben = Verdünnungsverhältnis
> Zahlen = Wiederholungen der Potenzierungsschritte

▷ Homöopathische Komplexmittel

Es gibt heute – wie weiter oben aufgeführt – sehr unterschiedliche Richtungen in der Homöopathie. Es sollen hier nur die Anwendungen erörtert werden, die auch in diesem Buch verwendet werden. Dazu gehören im Besonderen die Komplexmittelhomöopathie, die klinische Homöopathie und die klassische Homöopathie.

Zunächst soll die **Komplexmittelhomöopathie** besprochen werden. Diese umfasst – wie der Name schon sagt – komplexe Präparate: In einem Medikament sind mindestens zwei verschiedene Arzneistoffe enthalten. Die Anwendung eines Komplexmittels leitet sich von den einzelnen darin enthaltenen Arzneimitteln ab.

Hahnemann setzte durchaus mehrere Mittel in Kombination ein, insbesondere bei Behandlung der chronischen Krankheiten. Chronische Erkrankungen werden meist durch verschiedene Ursachen ausgelöst, wie zum Beispiel falsche Fütterung und Haltung, falsche medikamentöse Behandlung mit Arzneimitteln oder genetische Veranlagung. Schon Hahnemann beschrieb diese Zusammenhänge, erstellte eine Liste von Arzneimitteln mit breit angelegter Wirkung und gab häufig diese Mittel nacheinander oder im Wechsel. Bereits hier wird deutlich, dass ein Mittel für eine Krankheit oft nicht ausreicht.

Die moderne Komplexmittelhomöopathie mit dem Einsatz von **Fertigpräparaten** wird in der klassischen Homöopathie abgelehnt, da es zu Wechselwirkungen zwischen den einzelnen Medikamenten kommen kann. Genau diese Wechselwirkungen werden aber gezielt in der Komplexmittelhomöopathie eingesetzt. Komplexmittel können aus verschiedenen Medikamenten, aber auch aus verschiedenen Potenzstufen eines Präparates (sogenannte Potenzakkorde) bestehen. Behandelt wird in der Komplexmitteltherapie auf der Grundlage einer klinischen Diagnose, der Konstitution und ähnlichen Kriterien.

So enthält zum Beispiel das Komplexmittel „Ferrosal" Ferrum metallicum und Ferrum phosphoricum. Solche Kombinationspräparate können nicht nach den Kriterien der klassischen Homöopathie eingesetzt werden. Sie wirken daher nicht so spezifisch wie ein gut ausgesuchtes, genau passendes Einzelmittel. Ein großer Vorteil ist aber, dass diese Mittel nach klinischer Indikation eingesetzt werden können. Ferrosal kann zum Beispiel grundsätzlich bei Anämie eingesetzt werden, da es als „Katalysator des Eisenstoffwechsels" (vgl. Weravet Informationsbroschüre für Ferrosal) dient. Dabei spielen das Verhalten und der Charakter des Tieres eine untergeordnete Rolle. Außerdem werden nur die aktuellen Symptome – wie zum Beispiel die genannte Anämie – berücksichtigt. Eine ausführliche Anamnese der Krankenvorgeschichte anfangen bei der Geburt ist bei dieser Art der Therapie im Normalfall nicht notwendig. Dies spart Zeit und ist dadurch natürlich auch für den Besitzer kostengünstiger.

Kombinationsmittel bieten sich aus den genannten Gründen besonders für **akute Zustände** ohne besondere Vorgeschichte an. Bei chronisch erkrankten Tieren erhält man in der Regel nur eine Linderung der Symptome, aber keine Heilung. Eine vollständige Heilung bei chronisch kranken Tieren ist über diese Art der Therapie nach Erfahrungen der Autorin im Normalfall nicht zu erreichen.

Eine besondere Form der Kombinationstherapie bietet die **Homotoxikologie** nach Reckeweg (1905 – 1985). Reckeweg verstand Krankheit als biologisch-zweckmäßige Abwehrmaßnahme gegen exogene und endogene Gifte oder Giftschäden. Dabei teilte er den Krankheitsverlauf in sechs homotoxische Phasen:
– Exkretionsphase / Ausscheidungsphase (zum Beispiel Durchfall und Erbrechen)
– Inflammationsphase / Entzündungsphase (zum Beispiel lokale Entzündung)
– Depositionsphase / Ablagerungsphase (zum Beispiel Arteriosklerose)
– Imprägnationsphase / Schädigungsphase (zum Beispiel Amyloidose)
– Degenerationsphase (zum Beispiel Leberzirrhose)
– Dedifferenzierungsphase / Neubildungsphase (zum Beispiel Tumor)

Reckeweg beschrieb zwischen der Depositionsphase und der Imprägnationsphase den sogenannten „Biologischen Schnitt": Dies ist die Grenzlinie zwischen den heilbaren Krankheiten und den theoretisch unheilbaren. Die Homotoxikologie unterstützt mit speziell entwickelten homöopathischen Kombinationspräparaten beispielsweise die Entgiftung des Körpers und / oder regt das Immunsystem an.

▷ Klinische Homöopathie

Im Gegensatz zur Komplexmittelhomöopathie, die meistens sehr „schulmedizinisch" nach Indikationen eingesetzt werden kann, ist in der klinischen Homöopathie eine **Anamnese** der akuten Symptomatik notwendig. Die Akutsymptomatik wird vollständig mit allen Modalitäten (Verbesserung und Verschlechterung der Symptome unter verschiedenen Gegebenheiten: Verschlechtern oder verbessern sich Schmerzen beim lahmen Tier durch Bewegung?) einschließlich der Verhaltenssymptome aufgenommen, gewertet und in ein Repertorium umgesetzt (siehe Seite 16). Die Krankenvorgeschichte wird auch hier nicht berücksichtigt. Im günstigen Fall erhält man ein Einzelmittel, das die gesamte Symptomatik abdeckt und bei Gabe dann auch die Heilung einleitet.

Die Mittel werden auch nach den sogenannten **bewährten Indikationen** eingesetzt. Zum Beispiel Arnica nach Trauma, Hekla lava bei Exostosen, Silicea bei Narbenbildung etc. Im Fachhandel sind Bücher zu bewährten Indikationen erhältlich. Hier zeigt sich auch gleich der größte Unterschied zur klassischen Homöopathie, nämlich dass der Tierpatient nicht in seiner ganzen Gesamtheit betrachtet wird, also von Geburt an mit allen Charaktereigenschaften und allen wichtigen Lebensstationen.

▷ Klassische Homöopathie

In der klassischen Homöopathie wird immer versucht, das sogenannte **Konstitutionsmittel** zu finden. Dieses charakterisiert alle physischen und psychischen Eigenschaften des Tieres auch im gesunden Zustand und bewährt sich besonders bei langwierigen, chronischen Erkrankungen. Zusätzlich wird höchstens im akuten Fall ein weiteres Mittel angewandt. Im Einzelfall kann natürlich auch eine akute Symptomatik das Konstitutionsmittel widerspiegeln (siehe Fall 19).

Die Grundlage der klassischen Homöopathie ist die Lehre Hahnemanns und deren Fortführung und Weiterentwicklung – unter anderem durch Clemens Maria Franz von Bönninghausen. Hierbei wird im Normalfall immer nur ein homöopathisches Arzneimittel nach einer ausführlichen **Anamnese** und **Untersuchung** verabreicht. Die Auswahl erfolgt nach dem **Ähnlichkeitsprinzip**. Das heißt, es wird das Simile gesucht, welches beim Gesunden dieselben Symptome hervorrufen würde. Hierfür ist es wichtig, den Patienten in der Gesamtheit seiner Symptome zu erfassen und auch die Symptome aufzunehmen, die scheinbar nichts mit dem Hauptkrankheitsbild zu tun haben. Zu den Symptomen zählen alle Veränderungen an Physis und Psyche, die vom „Normalen" abweichen.

„Der vorurtheillose Beobachter – die Nichtigkeit übersinnlicher Ergrübelungen kennend, die sich in der Erfahrung nicht nachweisen lassen – nimmt, auch wenn er der scharfsinnigste ist, an jeder einzelnen Krankheit nichts, als äußerlich durch die Sinne erkennbare Veränderungen im Befinden des Leibes und der Seele, Krankheitszeichen, Zufälle, Symptome wahr, das ist, Abweichungen vom gesunden, ehemaligen Zustande des jetzt Kranken, die dieser selbst fühlt, die die Umstehenden an ihm wahrnehmen, und die der Arzt an ihm

beobachtet. *Alle diese wahrnehmbaren Zeichen repräsentieren die Krankheit in ihrem ganzen Umfange, das ist, sie bilden zusammen die wahre und einzig denkbare Gestalt der Krankheit*" (vgl. Hahnemann, 2006, §6).

Findet man das Einzelmittel, ist es immer der schnellste Weg zur Heilung. In den weiteren Kapiteln des Buches wird die Vorgehensweise noch genauer vorgestellt.

Erstanamnese

Will man klassisch homöopathisch arbeiten, ist immer eine vollständige Erstanamnese mit allen wichtigen Lebensstationen notwendig. Für die Erstanamnese ist die Umgebung sehr wichtig, daher sollte man überlegen, wo die Erstanamnese durchgeführt werden soll. Die Atmosphäre sollte ruhig und entspannt sein, um ein möglichst großes Vertrauensverhältnis zwischen Tierpatient, Besitzer und Therapeut aufzubauen. Man sollte auch vor dem ersten Termin den Besitzer darauf hinweisen, dass eine naturheilkundliche Anamnese sehr **zeitaufwendig** ist, damit weder Besitzer noch Therapeut unter Zeitdruck geraten. Im Normalfall bietet sich daher eine Erstanamnese in der gewohnten Umgebung an. Hier ist es möglich, das Tier stressfrei kennenzulernen und auch sein Umfeld zu betrachten.

Die Erstanamnese umfasst eine ausführliche Befragung des Besitzers und genaue Untersuchung des Tierpatienten. Dabei werden alle Symptome und Eigentümlichkeiten des Tieres soweit wie möglich erfasst. Man lässt den Besitzer mit dem sogenannten **Spontanbericht** beginnen: Der Besitzer schildert alles, was ihm zu seinem Tier einfällt. Das können nicht nur Symptome des Krankheitsbildes sein, sondern auch Eigenarten oder Verhaltensweisen des Tieres. Der Spontanbericht sollte möglichst wörtlich in der vom Besitzer geschilderten Reihenfolge aufgenommen werden. Deshalb erscheinen sie ziemlich ordnungslos. Trotzdem ergibt sich dabei meistens schon ein ganz gutes Bild vom Patienten und man hat gleichzeitig die Gelegenheit, das Tier zu beobachten.

Da nun auch bekannt ist, welche besonderen gesundheitlichen Probleme vorliegen, kann man anschließend daran die **Untersuchung** mit besonderem Schwerpunkt bezüglich der angegebenen Problematik durchführen. Da sich die Tiere in der vertrauten Umgebung befinden, lassen sich im Normalfall auch schwierige und / oder ängstliche Tiere problemlos anfassen. Grundsätzlich sollte man sich aber nicht dazu verleiten lassen, nur die vom Besitzer genannten Probleme zu begutachten, sondern es gehört immer eine Ganzkörperuntersuchung dazu. Man verfährt hier am besten mit dem **Kopf-**

zu-Fuß-Schema, da die Rubriken der Repertorien auch in dieser Reihenfolge angeordnet sind.

Daran anschließen sollte sich der **gelenkte Bericht**. Im gelenkten Bericht wird noch einmal gezielt nach dem Kopf-zu-Fuß-Schema nach Vorerkrankungen, Entwurmung, Impfstatus, Allergien, Eigenheiten des Tieres etc. gefragt. Dabei kann man zusätzlich noch auf Fragen, die der Spontanbericht aufgeworfen hat, eingehen. In vielen Fällen ist es notwendig, eine schulmedizinische Diagnostik (z. B. Labordiagnostik, Röntgenbild, Kot- und Harnuntersuchung usw.) durchführen zu lassen. Tiere können leider sehr wenige Beschwerden eindeutig anzeigen, sodass bei unklaren Krankheitsbildern zumindest bestimmte Erkrankungen (z. B. kanzeröses Geschehen) ausgeschlossen werden müssen. Im Gegensatz zur Schulmedizin sind allerdings bei der Krankengeschichte nicht nur die körperlichen Symptome wichtig, sondern auch die charakterlichen Eigenschaften des Tierpatienten. Da Tiere nicht reden können, ist es hierbei besonders wichtig, dass der Halter sein Tier genau beobachtet. Frisst es schnell oder langsam, mag es Gesellschaft, ist es verspielt usw. Auch die Reaktionen auf Umwelteinflüsse sind wichtig. Tritt eine Verbesserung oder Verschlechterung der Krankheit durch Ruhe oder Bewegung ein, wie wirken sich Kälte und Wärme aus, haben Berührung und Druck einen Einfluss, ist die Erkrankung morgens oder abends besser? Sind auslösende Faktoren wie z. B. Traumen bekannt?

Überhaupt stellen die Modalitäten ein großes Problem dar. Tiere können dem Therapeuten nicht sagen, ob der Schmerz beim Gehen ziehend, drückend oder brennend ist. Man sieht nur, dass der Patient lahmt! Zusätzlich sind viele Symptome gar nicht ermittelbar. Solange der Patient frisst, weiß man nicht, ob er vielleicht ab und zu Bauchschmerzen hat. Auch Kopfschmerzen, Sehstörungen usw. kann man im Normalfall nicht erkennen. Viele Rubriken aus den Repertorien fallen dadurch vollständig weg. Umso wichtiger ist es, alle erkennbaren Symptome und die Lebenskrankengeschichte, soweit vorhanden, exakt zu erheben.

Ganzheitlich heilen beinhaltet auch, die **Lebensumstände** des Tieres zu überprüfen und gegebenenfalls zu ändern. Nur allzu oft werden Tiere vermenschlicht und ihre eigentlichen Bedürfnisse vernachlässigt. Tiere sind und bleiben Tiere, und haben meist andere Ansprüche als Menschen. Oft genügt es, Kleinigkeiten in der Haltung oder im Umgang zu ändern, um scheinbar große Probleme in der Gesundheit oder im Verhalten zu verbessern. Es sollte auch immer gezielt nach eventuell vorhandenen Allergien und / oder sonstigen Umweltbelastungen gefragt werden.

Eine ausführliche Anamnese ist auch bei anderen Therapieformen sinnvoll, und sollte bei Zweifeln an einer Akuterkrankung immer durchgeführt werden.

Erstanamnese Schritt-für-Schritt
1. Befragung des Besitzers Spontanbericht
2. Sichtbefund des Tieres
3. Untersuchung des Tieres Kopf-zu-Fuß-Schema
4. Gelenkter Bericht
5. Diagnose und Therapie

Die Repertorisation

Mit Hilfe der Repertorien ist es möglich, relativ schnell und einfach zur **Mittelwahl** zu kommen, oder diese auf jeden Fall deutlich einzuschränken, ohne dass man sämtliche Arzneimittelbilder kennen muss. In einem Repertorium sind Krankheitssymptome nach Bereich (Kopf, Hals, Bauch usw.) und Symptom alphabetisch geordnet. Hinter jedem Symptom folgt eine Auflistung verschiedener Arzneimittel, die dieses Symptom schon hervorgerufen haben.

Um die Mittelwahl weiter zu vereinfachen, ist für jedes Mittel eine **Wertigkeit** angegeben: Je höher die Wertigkeit, desto häufiger hat das Arzneimittel dieses Symptom hervorgerufen bzw. geheilt. Zur Auswertung listet man die angegebenen Mittel für die verschiedenen Symptome des Patienten mit ihrer Wertigkeit auf und addiert deren Wertigkeit. Meistens erhält man dadurch höchstens zwei bis drei Arzneimittel, die anschließend noch einmal genauer in der Materia medica nachgelesen werden können. Ausgewählt wird das Medikament, das der Gesamtheit des Patienten am meisten entspricht.

Es sind verschiedene Repertorien im Handel erhältlich. Das zurzeit wohl umfangreichste im Humanbereich ist das „Synthesis", das auch zusätzlich einen Veterinärteil enthält. Es gibt auch reine Veterinärrepertorien wie beispielsweise das „Taschen-Repertorium der homöopathischen Tiermedizin" von R. Deiser.

Zu den Homöopathen, die ein Repertorium entwickelten, gehörte auch Clemens Maria Franz **von Bönninghausen**. Er schrieb das „Therapeutische Taschenbuch", das ursprünglich nur als Therapiehilfe für den Menschen gedacht war, sich aber nach Meinung der Autorin sehr gut für die Anwendung in der Tiermedizin eignet. Da in diesem Buch nur nach Bönninghausen gearbeitet wird, soll hier auch nur auf seine Methode näher eingegangen werden.

Sein Repertorium unterteilt sich in sechs große Abteilungen:

Abteilung 1: Gemüt und Geist,

Abteilung 2: Körperteile und Organe,

Abteilung 3: Empfindungen und Beschwerden,

Abteilung 4: Schlaf und Träume,

Abteilung 5: Fieber,

Abteilung 6: Änderung des Befindens.

Im Gegensatz zu anderen Repertorien unterscheidet er die Arzneimittel nicht nach drei, sondern nach fünf Graden. Grad 1–3 umfassen die Prüfsymptome am Gesunden, Grad 4 und 5 wurden zusätzlich durch Heilung bestätigt. Des Weiteren legte er im Gegensatz zu vielen anderen Homöopathen keine besondere Gewichtung auf die psychischen Symptome. Dies ist besonders bei der Arbeit mit Tieren von Vorteil. Bönninghausen arbeitete sehr viel mit **Allgemeinsymptomen**, die auch beim Tier meistens gut zu erheben sind.

> **Beispiel:** Ein Hund hat Ausschlag auf dem Rücken. Dann verwendet man zum einen die Rubrik Rücken und zum anderen die entsprechenden Rubriken der Haut. So kann man aus einem Symptom mehrere Rubriken ziehen. Dadurch wird die Mittelwahl bei Tieren deutlich vereinfacht, da man bei diesen häufig keine Modalitäten, die für andere Repertorien benötigt werden, ermitteln kann.

Zusätzlich berücksichtigt und bewertet die Autorin auch eigentümliche Symptome aus vorhergehenden Erkrankungen. Da immer versucht werden sollte, das Konstitutionsmitel des Patienten zu finden, ist dieses Vorgehen sehr hilfreich. Über eine längere Krankengeschichte hinweg kristallisiert sich beim Tier die Konstitution oft besser heraus als bei einer einzigen akuten Erkrankung. Zum Repertorisieren werden alle Symptome gleich gesetzt, als hätte das Tier alle Krankheiten gleichzeitig. Es wird dann über alle Symptome repertorisiert. Auf diese Weise ist es möglich, die nicht ermittelbaren Modalitäten etwas zu kompensieren. Trotzdem passiert es häufig, dass mehrere Mittel in der Gesamtwertigkeit sehr eng beieinander liegen. Es sollten dann immer die Arzneimittelbilder der ersten drei bis fünf Mittel direkt in der Materia medica miteinander verglichen werden. Das Arzneimittel mit der höchsten Wertigkeit ist aus den oben genannten Gründen trotzdem nicht immer das richtige! Ausschlaggebend ist immer das Arzneimittelbild in der Materia medica, das dem Tierpatienten in seinen Symptomen und Eigenarten am meisten entspricht. Bietet die Repertorisation nicht genügend Anhaltspunkte, um das richtige Mittel zu finden, muss man in andere Therapierichtungen der Homöopathie oder in die Allopathie ausweichen. Wenn man dann das Simile gefunden hat, muss noch überlegt werden, in welcher Dosierung und Potenz das Arzneimittel einzusetzen ist.

Gabengröße und Potenzwahl

Homöopathische Medikamente gibt es in verschiedenen Darreichungsformen. Die gebräuchlichsten in der klassischen Homöopathie sind **Globuli**, **Tabletten**, alkoholische **Tropfen** und **Ampullen** zur Injektion.

> In der klassischen Homöopathie entsprechen
> 5 Globuli = 5 Tropfen = 1 Tablette = 1 ml Ampulle

Beim Tier sollte – wann immer möglich – auf die Gabe von alkoholischen Lösungen verzichtet werden, da Alkohol von Tieren deutlich schlechter vertragen wird als von Menschen. Außerdem nehmen besonders Katzen alkoholische Lösungen sehr schlecht an. Bei Kleintieren ist die Gabe von Globuli sinnvoll, bei Großtieren empfehlen sich Tabletten. Einige Arzneimittel sind nur als Ampullen zur Injektion erhältlich, allerdings kann man viele Ampullen auch als Trinkampulle über das Futter oder das Wasser verabreichen. Die Vorteile von Injektionen liegen darin, dass die Tiere sicher ihre Gabe erhalten und – nach Beobachtung der Autorin – in ihrer häufig besseren Wirkung. Eine Erklärung für letzteres kann zurzeit nicht gegeben werden, da dies eigentlich der Logik der Homöopathie widerspricht.
Die **Gabengröße** (1 Gabe = 1 Dosis einer Arznei) richtet sich zunächst nach der Größe des Tieres. Die Autorin empfiehlt:

Tierart	Kleine Heimtiere (Meerschweinchen, Kaninchen...)	kleine Hunde/ Katzen	mittelgroße Hunde	große Hunde	Pferde
Dosierung	1 bis 2 Globuli	2 bis 3 Globuli	3 bis 4 Globuli	4 bis 5 Globuli	5 Tabletten

Die Angaben sind nur als allgemeine Richtlinie zu verstehen und können im Einzelfall abweichen. Zur Größe der Gabe muss natürlich auch die **Konstitution des Tieres** berücksichtigt werden. Sehr sensible Tiere benötigen eine kleinere Gabe als phlegmatische und vom Gemüt her eher gemütliche Tiere. Die angegebene Dosierung ist etwas höher als in vielen Büchern empfohlen. Unsere Haustiere sind heute sehr vielfältigen Umwelteinflüssen in Form von Aromastoffen, Konservierungsstoffen, Rauch im Raucherhaushalt, Desinfektionsmitteln usw. ausgesetzt. Zusätzlich werden die Tiere oft unter allopathischer Medikation (z. B. Antibiotika, Kortison, Schmerzmittel) vorgestellt, die meistens nicht verändert werden kann, ohne dass sich der Zustand des Tieres zumindest vorläufig verschlechtert oder der Patient Schmerzen bekommt. Trotzdem ist nach Erfahrungen der Autorin über eine Anpassung der Dosierung und besonders der Potenz häufig ein erfolgreiches homöopathisches Arbeiten möglich.

In den Fallbeispielen werden einige Tierpatienten unter allopathischer Medikation vorgestellt, die erfolgreich behandelt werden konnten. Äußere Einflüsse (allopathische Medikation, ätherische Öle…) können eine homöopathische Behandlung stören oder verhindern, müssen es aber nicht. Je mehr Umwelteinflüsse einwirken, desto größer und häufiger muss die Gabe sein. Aber auch hier gilt der Grundsatz: So wenig wie möglich, aber so viel wie nötig. *„Die Angemessenheit einer Arznei für einen gegebenen Krankheitsfall beruht nicht allein auf ihrer treffenden homöopathischen Wahl, sondern ebenso wohl auf der erforderlichen, richtigen Größe oder vielmehr Kleinheit ihrer Gabe."* (vgl. Hahnemann, 2006, §275).

Ist man sich in der Größe der Gabe nicht sicher, sollte man im Zweifelsfall immer eine niedrigere wählen. Ein Zitat von Voisin ist auch auf unsere Tierpatienten übertragbar: *„Gewisse Mittel sind manchmal kontraindiziert, obgleich die Ähnlichkeit ihre Verordnung anscheinend rechtfertigt, nämlich:*
– Hohe Dilutionen im Allgemeinen: bei Greisen oder verbrauchten Menschen, denen die zur Reaktion notwendigen Kraftreserven mangeln.
– Hohe Potenzen von gewissen Mitteln, nämlich von: ausscheidenden Mitteln (Sulphur, Lycopodium, Nux vomica, die Tuberkuline usw.), wenn sie gleich auf Anhieb ohne weiteres oder zu schnell gegeben werden bei Menschen mit insuffizienten Ausscheidungsorganen oder bei Kranken mit schlechter Abwehr." (vgl. Voisin (1960) zit. nach Henniger, 2003).

Wurde das Mittel richtig gewählt, erhält man trotzdem eine leichte Reaktion. Reicht diese Reaktion nicht aus, kann die nächste Gabe höher dosiert werden. Wird ein Mittel deutlich zu hoch gegeben, zitiert S. Hahnemann:

„Giebt man eine allzu starke Gabe von einer, auch für den gegenwärtigen Krankheitszustand völlig homöopathisch gewählten Arznei, so muß sie, ungeachtet der Wohlthätigkeit ihrer Natur an sich, dennoch schon durch ihre Größe und den hier unnöthigen, überstarken Eindruck schaden, welchen sie auf die Lebenskraft und durch diese gerade auf die empfindlichsten und von der natürlichen Krankheit schon am meisten angegriffenen Theile im Organism, vermöge ihrer homöopathischen Aehnlichkeits-Wirkung macht." (vgl. Hahnemann, 2006, §275). A. Voegeli schreibt zu dieser Thematik: „(...) *bei einer Erhöhung der Zahl der Tropfen oder der Kügelchen auf das Doppelte sich keineswegs die Wirkung der Potenz verdoppelt, sondern je nach Fall verschieden und unvorhersehbar ist. Man könnte für diesen Fall die Wirkung eines Funkens ins Pulverfaß als Vergleich heranziehen: Solang der Funke nicht zündet, geschieht nichts, zündet er aber, so geschieht eine Explosion, verdoppelt man die Intensität des Funkens, so wird der Effekt der Explosion nicht stärker, er bleibt gleich."* (vgl. Voegeli, 1988).

Die **Potenzwahl** hängt von vielerlei Faktoren ab, unter anderem auch – wie die Dosierung – von den Umwelteinflüssen, von der Lebenskraft des Tieres, von der Dauer der Erkrankung und davon, welche Organe oder Organsysteme betroffen sind. Die Potenz des Arzneimittels sollte immer die Stärke der Krankheit übertreffen. Arbeitet man mit D- oder C-Potenzen ab der 30. Potenz, muss man immer bedenken, dass man teilweise lange Wartezeiten hat, bis das Mittel ausgewirkt hat. *„Wichtig ist zu beherzigen, dass man besonders bei chronischen Fällen jedem Mittel reichlich Zeit lassen muß, sich auszuwirken. Diese Zeitspanne ist je nach der Potenzhöhe und der Gruppe, zu welcher das Mittel gehört, sehr verschieden. Bei pflanzlichen Mitteln ist die Wirkungsdauer kürzer als bei mineralischen (psorischen) und bei Nosoden. Ferner ist sie umso kürzer, je akuter das Mittel ist. Im Allgemeinen rechnet man bei pflanzlichen Mitteln für die 30. Potenz eine Wirkungsdauer von drei Wochen, bei der C200 eine solche von zwei Monaten und bei der M, XM und CM eine solche von zwei bis drei Monaten."* (vgl. Voegeli, 1988). Dieses Abwarten ist sehr wichtig. Wiederholt man dasselbe Mittel oder gibt ein neues zu früh, kann das den Fall erheblich verwirren. Es können sich dann zum Beispiel Symptome der Krankheit und ein eventuell induziertes Arzneimittelbild überlagern. Es muss also immer so lange gewartet werden, bis man sicher ist, das keine Mittelwirkung mehr vorliegt. Diese liegt nicht mehr vor, wenn der Heilungsverlauf anhaltend stagniert oder wiederum eine zunehmende Verschlechterung eintritt.

Die **Häufigkeit der Gabe** richtet sich vor allem nach der Potenz wie oben zitiert. Bei Tiefpotenzen gibt man üblicherweise 2 × bis 3 × pro Tag. Bei einem hochakuten Verlauf kann aber auch bis zu alle zehn Minuten eine Gabe verabreicht werden. Bei mittleren Potenzen erfolgt die Gabe 1 × bis 2 × täglich. Grundsätzlich gilt auch für die Tief- und mittleren Potenzen, dass mit Eintritt der Besserung die Arzneigabe abzusetzen oder zumindest zu verringern ist. Q-Potenzen können sowohl im hochakuten Krankheitszustand in kurzen Zeitabständen verabreicht werden und genauso nur alle paar Tage beim chronisch erkrankten Tier gegeben werden.

Eine Sonderstellung nehmen die **Potenzakkorde** ein, die auch bei sehr schwer kranken Tieren mit wenig Lebenskraft bei einer Akuterkrankung gegeben werden können: „*Die homöopathischen Akkorde sind eine weitgehende Lösung der Potenz-Frage und eine vollständige Lösung des Problems der Erstverschlimmerung homöopathischer Mittel. Einfache homöopathische Mittel führen um so eher zur Verschlimmerung, je höher ihr Verdünnungsgrad ist und je häufiger die Gaben sind. (...) Wenn wir dagegen die homöopathischen Akkorde benutzen, wird dieser nachteilige Effekt nie gesehen, und gleichzeitig gibt es keinen Zweifel im Hinblick auf die Potenz.*" (vgl. Cahis, 1911, zit. nach Henniger, 2003). Ein Nachteil der Potenzakkorde ist nach Meinung der Autorin allerdings, dass Potenzakkorde nie so gezielt wirken, wie eine einzelne, genau passend ausgewählte Potenz. Will man aber auf jeden Fall eine Erstreaktion vermeiden und möchte trotzdem mit Hochpotenzen arbeiten, können Potenzakkorde nützliche Dienste leisten.

Bis zur 12. Potenz ist ein schnellerer Mittelwechsel möglich und das Mittel kann häufiger gegeben werden. Dafür ist hier die Wirkstärke deutlich geringer. Die Q-Potenzen verbinden eine hohe Wirkstärke mit einer kurzen Wirkdauer und werden normalerweise in aufsteigender Reihenfolge – beginnend bei Q1 – verabreicht. Ein großer Nachteil ist aber der hohe finanzielle Aufwand bei Anwendung der Q-Potenzen, weil ständig neue Potenzen erworben werden müssen.

> **Beispiel:** Eine Einmalgabe in C200 oder höher bei einer schon mehrjährig bestehenden Hauterkrankung und gleichzeitiger länger bestehender Kortisonapplikation wird nicht zum gewünschten Erfolg führen, weil die schulmedizinische Therapie die Wirkung einer einmaligen Gabe zu sehr abschwächt. Besser ist dann eine mehrmalige Gabe pro Tag in einer niedrigeren Potenz, z. B. C12 oder die Gabe von Q-Potenzen.

Die Autorin verwendet D-Potenzen sehr selten, normalerweise nur dann, wenn ein möglichst organotropes Arbeiten gewünscht wird. Hierfür ist aber meistens keine Repertorisation im klassischen Sinne erforderlich. Ein typisches Beispiel ist der prophylaktische Einsatz von Arnika D6 oder D12 nach Trauma.

Q-Potenzen (LM-Potenzen) und deren Anwendung nach Korsakoff

Für die Herstellung von Q-Potenzen wird zunächst eine C3-Verreibung des gewünschten Arzneimittels zubereitet. Danach werden 60 mg dieser Verreibung in 500 Tropfen Trägersubstanz gelöst. Davon wird ein Tropfen in 100 Tropfen Trägersubstanz erneut gelöst und 100 × kräftig geschüttelt. Mit dieser Lösung werden Globuli einer bestimmten Größe befeuchtet. Diese Globuli entsprechen dann der Potenzstufe Q1.

Q-Potenzen zeichnen sich grundsätzlich durch eine bessere Steuerbarkeit als C-Potenzen aus. Bei Einsatz der C-Hochpotenzen muss man warten, bis das Arzneimittel ausgewirkt hat. Das ist bei Q-Potenzen nicht nötig. Wenn das Arzneimittel nicht die gewünschte Wirkung zeigt, kann direkt ein neues verabreicht werden, da die Wirkungsdauer recht kurz ist. Q-Potenzen werden normalerweise flüssig gegeben. In Ausnahmefällen, z. B. bei Unfällen, kann man die Globuli oder Tropfen aber auch direkt ins Maul geben.

Die Autorin lässt als Standard die Q-Potenzen wie folgt verabreichen:

1. Zubereitung der Ausgangslösung:

Man nimmt eine Kunststoffflasche mit Kunststoff-Schraubdeckel. Das Fassungsvermögen sollte etwa ein halber Liter sein. Diese Flasche füllt man zu zwei Dritteln mit abgekochtem Trinkwasser oder mit gekauftem stillen Wasser. Man muss in jedem Fall eine Flasche verwenden, die sehr sorgfältig gereinigt und ein paar Mal mit klarem Wasser ausgespült wurde! In das Wasser gibt man nun 25 Streukügelchen / Tropfen des Mittels, möglichst ohne sie mit den Fingern zu berühren. Die Kügelchen sollen sich ungestört auflösen. Jetzt ist die Lösung vorbereitet. Die Flasche wird mit dem Mittelnamen, der Potenzstufe und dem Datum beschriftet und an einem dunklen Ort (am besten im Kühlschrank) aufbewahrt. Vor jedem Dynamisieren muss die Flasche, besonders bei warmen Temperaturen, auf Ausflockungen kontrolliert werden. Ist die Lösung nicht mehr ganz klar, muss sie sofort entsorgt werden! Grundsätzlich sollte die Ausgangslösung auch im Kühlschrank nicht länger als maximal zehn Tage aufbewahrt werden.

2. Dynamisieren:
Vor jeder Einnahme muss die Flasche 10 × fest „geschüttelt" werden, um sie zu aktivieren! Dazu nimmt man die Flasche in die Hand und schlägt sie kräftig senkrecht auf einen Untergrund. Nach jedem Schlag soll sich die Lösung beruhigen, also alle paar Sekunden ein Schüttelschlag. Das Dynamisieren erhöht die Wirksamkeit des Arzneimittels und sollte auf keinen Fall vergessen werden.

3. Weiterverdünnen:
Nach dem Schütteln gießt man einen Esslöffel – bitte nicht aus Metall! – der Lösung aus der Flasche in ein Glas Wasser. Es wird mit einem Plastiklöffel umgerührt. Man verabreicht seinem Tier etwa 1 ml – am besten mit einer Einmalspritze – direkt ins Maul und schüttet den Rest weg.

4. Wiederholung:
Es wird täglich eine Gabe verabreicht, wobei die Schritte zwei und drei über zehn Tage wiederholt werden!

Die Potenz ist grundsätzlich nach hundert Schüttelschlägen „verbraucht" und man muss in die nächsthöhere Potenz wechseln!
Man beginnt mit der Potenz Q1 und verabreicht dann in Folge immer die nächsthöhere Potenz bis zum Eintritt der Spätverschlechterung, die im folgenden Kapitel noch näher erklärt wird.

▷ Heilungsverlauf

Bei der Anwendung homöopathischer Arzneimittel können als sogenannte **Erstreaktion** bereits bestehende Symptome verstärkt und / oder Ausleitungsphänomene wie leichter Durchfall, tränende Augen etc. beobachtet werden. Diese Erstreaktionen können bei jeder Form der homöopathischen Therapie auftreten.

„Diese kleine homöopathische Verschlimmerung, in den ersten Stunden – eine sehr gute Vorbedeutung, dass die acute Krankheit meist von der ersten Gabe beendigt sein wird – ist nicht selten, da die Arzneikrankheit natürlich um etwas stärker sein muß als das zu heilende Uebel, wenn sie letzteres überstimmen und auslöschen soll; (…)." (vgl. Hahnemann, 2006, §158).

Eine **Erstverschlimmerung** sollte nach spätestens zwei Wochen abklingen, sonst wurde das Mittel falsch gewählt oder die Krankheit verschlechtert sich weiter. Das Ausmaß der Erstreaktion hängt individuell vom Tier, aber auch

von der gewählten Potenz und Dosierung ab. Je höher die Potenz und je größer die Gabe, desto eher erhält man eine Erstreaktion. Bei sehr kranken Tieren sollte, um das Tier zu schonen, die Wahl der Potenz möglichst so angepasst werden, dass keine Erstverschlechterung eintritt, da sich sich zum Beispiel auch Schmerzen, Fieber etc. verschlimmern können. Q-Potenzen rufen im Normalfall keine Erstverschlechterung hervor, sondern stattdessen eine **Spätverschlimmerung**. Sie wirken dadurch sehr sanft. Die Symptome bessern sich stetig, bis irgendwann (oft zwischen Q10 und Q15) wieder eine leichte Verschlechterung der Symptome direkt nach Mittelgabe eintritt. Der Zusammenhang zwischen Mittelgabe und Verschlechterung ist normalerweise sehr gut zu beobachten. Die Gabe erfolgt dann seltener und es wird weiter verdünnt, bis möglichst eine vollständige Heilung eingetreten ist. Hier liegt der große Unterschied zu den C-Potenzen. Während bei den C-Potenzen ein Rückfall oder eine erneute Verschlechterung die Wiederholung der Arznei anzeigt, zeigt dies bei den Q-Potenzen die Heilung!
An dieser Stelle soll auch noch einmal auf die mögliche Anwendung der Potenzakkorde verwiesen werden, die normalerweise auch keine Erstreaktion zeigen.

▷ Kontraindikationen

Grundsätzlich können bei sehr niedrigen Potenzstufen (bis D4/C2) Nebenwirkungen auftreten, da hier noch größere Mengen der Wirksubstanz vorliegen, die von einer Erstverschlechterung unterschieden werden müssen.
So sind **allergische Reaktionen** und bei giftigen Ursubstanzen und falscher Dosierung auch entsprechende Vergiftungserscheinungen möglich. Einige Arzneimittel sind aus diesem Grund auch in niedrigen Potenzen verschreibungspflichtig, wie zum Beispiel Opium bis einschließlich D5/C2 oder Nux vomica bis einschließlich D3/C1.
Verwendet man Potenzen bis D24/C12 sollte man auch bei Tieren immer an die Möglichkeit einer allergischen Reaktion bis hin zum anaphylaktischen Schock denken. Ein Bienenstichallergiker sollte zum Beispiel Apis mellifica nicht unter einer D24/C12 erhalten. Außerdem können auch Allergien auf den Trägerstoff (Laktose oder Alkohol) vorkommen. Bei **Trächtigkeit** sollten einige Arzneimittel (Beispiel: Caulophyllum thalictroides kann Wehen auslösend wirken) nicht eingesetzt werden. Außerdem ist bei Trächtigkeit immer der Einfluss auf das ungeborene Tier zu berücksichtigen.

Sind **lebenswichtige Funktionen** des Tieres **stark beeinträchtigt**, sollte von einer alleinigen homöopathischen Therapie abgesehen werden und die Tiere vorrangig schulmedizinisch behandelt werden, dazu gehören auch schon die lebenswichtigen Infusionen von Wasser und Elektrolyten bei anhaltendem starken Brechdurchfall.

> Eine besondere Ausnahme, wenn auch keine Kontraindikation, ist Aristolochia clematitis. Dieses Arzneimittel darf grundsätzlich in keiner Potenz beim Lebensmittel liefernden Tier angewendet werden.

▷ Kombination unterschiedlicher Therapierichtungen

Ein wichtiger und sehr umstrittener Punkt in der homöopathischen Tierheilpraxis ist die Kombinationsmöglichkeit mit anderen Therapien, sowohl homöopathischer als auch allopathischer Art. Viele klassische Homöopathen lehnen grundsätzlich die Kombination mit anderen Therapieformen ab. Die homöopathische Therapie stört selten andere Therapieformen. Dies kann aber sehr wohl umgekehrt der Fall sein! Die unterschiedlichen homöopathischen Richtungen lassen sich nach Erfahrungen der Autorin meist sehr gut kombinieren.

In der Kombination mit der Schulmedizin muss man immer bedenken, dass diese die Wirkung der Homöopathika beeinflussen kann, aber nicht muss. Man sollte allerdings nie dogmatisch sein, sondern eine Behandlung im Zweifelsfall auch begleitend versuchen: *„Dabei tut man noch so, als ob die Allopathie eine einheitliche Lehre wäre und die Homöopathie eine entgegengesetzte Lehre wäre. Als ob man das eine tun und dass andere lassen müßte."* (vgl. Dorcsi, 1976).

Auch H. Wolter setzte erfolgreich Homöopathika neben der Schulmedizin ein: *„Die Chemotherapie hier sofort abzubrechen, wäre m.E. ein Kunstfehler gewesen. Es galt in diesem Falle die ständig Rückfälle provozierende Therapie langsam abzubauen und eine biologische, d.h. ‚den Lebensvorgängen' angemessene Behandlung aufzubauen."* (vgl. Wolter, 1977).

Ähnliches gilt für die **Phytotherapie**. Pflanzen, die ätherische Öle enthalten, wie zum Beispiel Pfefferminze, können die Arzneimittelwirkung der homöopathischen Medikamente aufheben. Trotzdem sollte man immer eine homöopathische Therapie auch unter widrigen Umständen versuchen. Über die im Kapitel „Gabengröße und Potenzwahl" beschriebenen Anpassungen lassen sich dennoch Heilerfolge erzielen.

Andere Therapien wie zum Beispiel **Akupunktur**, **Eigenblutbehandlung** und **Isopathie** können problemlos in Kombination mit einer homöopathischen Behandlung eingesetzt werden. Eine Eigenblutbehandlung soll üblicherweise das Immunsystem anregen. Eine isopathische Therapie versucht durch eine Milieuänderung des Körpers eine Heilung zu bewirken. Die Grundregel der Isopathie lautet: Gleiches möge mit Gleichem geheilt werden. Die Krankheit soll hier mit demselben Erreger geheilt werden, durch den sie ausgelöst wurde. Hierfür gibt es verschieden Präparate im Handel, die bestimmte Erregerurformen in potenzierter Form enthalten. Sind die Organe und damit deren Regulationsmöglichkeiten zu stark geschädigt, kann auch die Homöopathie nicht mehr ausreichend helfen. Dann muss auf allopathische Therapien ausgewichen werden. *„Die Hahnemann'sche Homöopathie war dagegen von Anfang an ein Gegenentwurf zur ‚Allopathie', was sicherlich auch auf die Person Hahnemanns und ganz bestimmt auf die Behandlungskonzepte der historischen ‚Allopathie' zurückzuführen ist. In die moderne Krankenhausmedizin wird sich die Homöopathie nur dann integrieren lassen, wenn sie einen Platz innerhalb eines integrativen Modells findet."* (vgl. Teut, 2006).

▷ Die homöopathische Praxis

Das Schwierigste in der homöopathischen Praxis ist die **Bewertung der Symptome** und deren Umsetzung in das Repertorium. Durch die vielen unterschiedlichen Rassen bestehen große **physische und psychische Unterschiede** zwischen den Individuen. Ein Yorkshire-Terrier hat eine andere Physiognomie als ein Bernhardiner. Von einem Bernhardiner erwartet man im Normalfall ein ausgeglichenes, ruhiges bis phlegmatisches Wesen. Zeigt ein Tier dieser Rasse ein sehr unruhiges Verhalten, ist dies als auffallendes Merkmal zu sehen. Bei einem Terrier ist dieses Verhalten aber durchaus normal. Was für die eine Rasse noch normal sein kann, ist vielleicht für die andere schon deutlich pathologisch. Einige Rassen zeigen auch zuchtbedingte körperliche Anomalien wie Exophtalmus, Ektropium, Entropium, Brachyzephalie usw. Die aufgeführten Augenanomalien führen zum Beispiel häufig zu chronischem Tränen, was dann aber als „normal" gewertet werden muss. Auch viele psychische Eigenschaften wurden bewusst in bestimmten Rassen verankert, sodass es das „Normtier" nicht gibt.

Bei der Umsetzung in das Repertorium gibt es einige Besonderheiten. In der Abteilung „Gemüt und Geist" sollten die entsprechenden Verhaltenssymptome nur dann mit einbezogen werden, wenn sie bei weitem den normalen Rahmen sprengen. Die Rubriken in der Abteilung „Körperteile und Organe" können, soweit sie erhoben werden können, direkt verwendet werden. Dabei entsprechen die vorderen Extremitäten der Tiere Armen und Händen der Menschen und die hinteren Extremitäten der Tiere Beinen und Füßen der Menschen. Die Abteilung „Empfindungen und Beschwerden" kann überwiegend nicht zur Repertorisation herangezogen werden, da Empfindungen vom Tier nicht mitgeteilt werden können. Bestenfalls lassen sich manche Empfindungen aus Körperreaktionen erahnen. Auch die Rubriken der Abteilungen „Schlaf und Träume" und „Änderung des Befindens" fallen in einigen Teilbereichen weg, da sie sich nur auf Menschen beziehen. Sämtliche Rubriken, die sich auf Nahrungsmittel und Genussmittel beziehen, können nicht zur Bewertung herangezogen werden, da sich die Ansprüche an die Nahrungs- bzw. Futtermittel von Menschen und den meisten Tierarten stark unterscheiden. Ein Hund ist zum Beispiel ein Karnivore, ein Pferd ein Herbivore und der Mensch ein Omnivore.

Nach der Repertorisation sollte man wenigstens die Arzneimittelbilder der ersten drei Mittel direkt miteinander vergleichen. Beim Nachlesen muss man immer bedenken, dass man selten ein vollständiges Arzneimittelbild am Patienten sieht. Folglich können auch typische Leitsymptome fehlen und es kann trotzdem das Simile sein. Schlägt die Behandlung nicht innerhalb von zwei Wochen an, hat man das falsche Mittel gewählt und sollte den Fall neu überdenken!

In der homöopathischen Praxis sollte man die **wichtigsten homöopathischen Einzelmittel** in unterschiedlichen Potenzen zur Anwendung bereit liegen haben. Die homöopathischen Arzneimittel sollten **kühl**, **trocken** und **vor Sonnenlicht geschützt** gelagert werden.

Bei der **Anwendung am Tierpatienten** sollten die Arzneimittel grundsätzlich nicht mit Metall in Berührung kommen und möglichst direkt ins Maul gegeben werden. Bei der Gabe von Globuli ist die Toleranz der Tiere, selbst von Katzen, normalerweise sehr gut.

Der Tierbesitzer sollte unbedingt vor Behandlung über eine möglicherweise eintretende Erstreaktion informiert werden. Für diesen sind solche Reaktionen oft sehr erschreckend, wird er aber vorher daraufhin gewiesen, stärkt dies das Vertrauensverhältnis. Selbstverständlich gilt auch in der homöopathischen Praxis die allgemeine **Beratungs- und Aufklärungspflicht**.

In der rein klassisch homöopathischen Behandlung wird im Idealfall nur ein Mittel gegeben. Tritt bei einem chronisch kranken Tier ein akutes Geschehen ein, das durch die Mittelgabe nicht abgedeckt wird, wird die akute Krankheit vorrangig behandelt. Diese akute Erkrankung sollte auch dann möglichst mit einem passenden Mittel behandelt werden. Ist dies nicht möglich, kann zu anderen Therapien gegriffen werden. Auch hier ist die Gabe von Kombinationspräparaten möglich.

Ist die akute Erkrankung abgeklungen, wird die chronische weiterbehandelt. In der Praxis ist oft zu beobachten, dass sich die Symptome der chronischen Erkrankung scheinbar während des akuten Geschehens verbessern. Dies ist keine Heilung! Die Symptome erscheinen nach Abklingen der Akuterkrankung wieder: *„Oder die neue unähnliche Krankheit ist stärker. Hier wird die, woran der Kranke bisher litt, als die schwächere, von der stärkern hinzutretenden Krankheit so lange aufgeschoben und suspendirt, bis die neue wieder verflossen oder geheilt ist, dann kommt die alte ungeheilt wieder hervor."* (vgl. Hahnemann, 2006, §38).

Die **Prognose** einer homöopathischen Behandlung hängt von vielerlei Faktoren ab. Eine wichtige Rolle spielen ähnlich wie bei anderen medizinischen Therapien der Gesamtzustand des Tieres, das Alter, die Art und Dauer der Erkrankung, die Haltungsbedingungen und die Vorbehandlung beziehungsweise Begleitmedikation.

Generell sind bei allen stark destruktiven und / oder degenerativen Veränderungen im Organismus vorsichtige Prognosen zu stellen. Zu diesen Erkrankungen gehören zum Beispiel die Arthrose, viele Herzerkrankungen des alten Tieres (Herzhypertrophie, Herzklappenfehler), generell der Umbau von Parenchym in Narbengewebe, Krebserkrankungen etc. Eine Heilung ist selten möglich, eine Begleittherapie zur Symptomlinderung aber gut durchführbar.

Der Vollständigkeit halber sollen an dieser Stelle auch die sogenannten **Therapieblockaden** erwähnt werden. Unter Therapieblockade versteht man einen Zustand, in dem der Organismus nur noch bedingt reaktionsfähig ist. Diese Blockaden können zum Beispiel durch latente chronische Infektionen, Wirbelblockaden, schlechte Haltungsbedingungen usw. hervorgerufen werden. Therapieblockaden müssen zuerst beseitigt werden, bevor mit der eigentlichen Behandlung begonnen werden kann. Bei der Erstanamnese sollten mögliche Therapieblockaden möglichst schon erkannt werden. Da dieses Buch nur eine Einführung geben soll, wird an dieser Stelle bewusst auf dieses sehr umfangreiche Thema verzichtet.

Fallbeispiele

Die Fallbeispiele beginnen mit der klinischen Homöopathie (Fälle 1 bis 3), dann folgen einfache Beispiele aus der klassischen Homöopathie (Fälle 4 bis 17) und zuletzt werden Beispiele mit Therapiewechseln (Fälle 18 bis 23) vorgestellt. In sich sind die Fallbeispiele so angeordnet, dass immer der einfachste Fall am Anfang steht und der komplizierteste Fall am Schluss.

Die Fallbeispiele entsprechen in ihrer Vielfalt, angefangen bei leichten Akuterkrankungen, über Verhaltensstörungen bis hin zu schweren chonischen Erkrankungen dem Alltag in meiner Praxis.
Sehr wichtig ist es, immer den Krankheitsverlauf genau zu überwachen.
Schlägt die Therapie nicht an, muss die Therapieform gewechselt werden.
Dazu gehört auch immer die Option einer schulmedizinischen Behandlung.

Praxistipp: Um den Krankheitsverlauf zu verfolgen, ist es sinnvoll, direkt bei Behandlungsbeginn einen telefonischen Rückruf oder eine Kontrolluntersuchung zu vereinbaren. Nach meinen Erfahrungen erhält man bei einer Besserung des Befindens ohne diesen bewussten Termin leider keine Rückinformation. Gerade bei schwerer erkrankten Tieren ist diese Kontrolle aber sehr wichtig.

Fall 1: Apathie und Fressunlust bei einer Katze

Rote Hauskatze, männlich, kastriert, 2 Jahre, etwas dünn.

Spontanbericht

Verlor in letzten zwei Monaten 2 kg Gewicht, apathisch, frisst nicht, schläft nur noch, geht nicht mehr raus.

Informationen aus gelenktem Bericht und Untersuchung

Freigänger.
Klinische Untersuchung: keine Auffälligkeiten.
Verhalten: Auffallend apathisch und träge.
Katze wird regelmäßig entwurmt – auch gegen Bandwürmer.
Vergiftungsfälle von Katzen in nächster Umgebung.

Auswertung der Symptome

Der Gewichtsverlust von 2 kg ist, ohne erkennbare Ursache, für eine Katze extrem viel, auch wenn diese wohl ursprünglich etwas adipös war. Eine Ursache war definitiv nicht erkennbar. In diesem Fall (z. B. Leber- oder Niereninsuffizienz) wäre eine Blutdiagnostik sehr sinnvoll gewesen, um bestimmte Erkrankungen auszuschließen. Der Besitzer lehnte eine Diagnostik jedoch ab. Außerdem stand eine potentielle Vergiftung im Raum, die in diesem Fall aber sehr milde verlaufen wäre. Da die Informationen zu gering waren, um ein passendes Einzelmittel zu finden, entschied man sich für die Anwendung der Homotoxikologie.

Behandlung

Das Tier erhielt für drei Wochen täglich abwechselnd 0,5 ml Coenzyme compositum ad us. vet.-Ampullen und 0,5 ml Ubichinon compositum-Ampullen ins Trinkwasser. Beide Kombinationspräparate regen den Stoffwechsel an und fördern allgemein die Entgiftung.

Krankheitsverlauf

In der zweiten Woche begann das Tier wieder mit einer normalen Futteraufnahme und wurde lebhafter. In der dritten Woche zeigte sich das Tier vollständig normal im Verhalten. Der Gesundheitszustand hatte sich völlig normalisiert und blieb auch in dieser Form erhalten.

Fall 2: Fütterungsfehler beim Pferd

Fjord-Pferd-Wallach, 17 Jahre, normaler Futterzustand.

Spontanbericht

Seit mittags starker Durchfall wie Wasser, wie ein Wasserfall; keine Kolik-Symptome.

Informationen aus gelenktem Bericht und Untersuchung

Gastrointestinaltrakt: vermehrte Darmgeräusche auf beiden Seiten; keine Aufgasung feststellbar.
Kotabsatz: grünlicher Hydrantenstuhl, kein auffälliger Geruch.
Pferd wurde auf neue Weide mit viel Grasbewuchs umgestellt.
Kein Fieber.

Auswertung der Symptome

Diagnostiziert wurde ein typischer Fütterungsfehler: die zu schnelle Umstellung auf neue Weiden mit starkem Grasbewuchs. Das Tier zeigte keine Koliksymptome, der Allgemeinzustand war gut, die Symptome bestanden erst kurzzeitig, sodass ein einfaches passendes Komplexmittel ausreichen sollte.

Behandlung

Das Tier erhielt 20 Tropfen Dysenteral direkt ins Maul. Dieses Mittel deckt gut die beschriebene Diarrhö ab.

Krankheitsverlauf

De Wallach zeigte zwei Stunden später bereits einen normalen Kotabsatz. An diesem Fallbeispiel sieht man sehr schön, dass auch homöopathische Mittel sehr schnell und unmittelbar wirken. Begünstigend war allerdings, dass die Symptomatik erst ein paar Stunden bestand.

Fall 3: Abwehrschwäche beim Pferd

Braune Warmblut-Stute, 9 Jahre, abgemagert, schlechter Allgemein-zustand.

Spontanbericht

Vor zwei Monaten im sehr schlechten Zustand erworben. Das Tier wurde vollständig grundimmunisiert (Tetanus, Tollwut, Influenza, Herpes); nach Zweitimpfung vor vier Wochen zeigte die Stute hochgradige Lahmheit ausgehend von der Einstichstelle am Schultermuskel; Tier fast bewegungsunfähig; Muskeln an der Stelle hart und warm; Kreislaufprobleme, nach ein paar Tagen Besserung; vor drei Tagen erneut Verschlechterung der Symptomatik (Muskelverhärtung ohne Lahmheit); seit heute zusätzlich starker Husten.

Informationen aus gelenktem Bericht und Untersuchung

Fell: stumpf, glanzlos.
Extremitäten: handtellergroße Muskelverhärtung im Bereich des *Musculus brachiocephalicus*; geringgradige Lahmheit.
Kein pathologischer Hustenreflex auslösbar.
Lunge: o. B.
Starker Husten in Ruhe.
Körpertemperatur: 37,7 °C (Normalbereich adultes Pferd: 37,5 °C bis 38,2 °C)

Auswertung der Symptome

Zum Zeitpunkt der Anamnese zeigte das Tier einen hochakuten Infekt der oberen Atemwege und einen sehr schlechten Allgemeinzustand. Der Infekt war vorrangig zu behandeln, da zu befürchten war, dass sich daraus aufgrund der schlechten Abwehrlage des Tieres ein schweres Krankheitsbild entwickeln könnte. Die Gesamtproblematik wurde höchstwahrscheinlich durch die Impfungen ausgelöst, mit denen die Stute zu diesem Zeitpunkt gesundheitlich völlig überfordert war. Impfungen sollten im Normalfall nur bei einem gesunden Tier durchgeführt werden.

Behandlung

Es wurde Engystol ad us vet. intravenös injiziert und mit derselben Spritze direkt 1 ml Eigenblut entnommen und muskulär zurückgespritzt. Das Eigenblut sollte zusätzlich das Immunsystem anregen.

Praxistipp: Bei Eigenblutinjektionen bei Infektionen muss unbedingt vor Behandlung die Körpertemperatur gemessen werden, da diese erheblich nach einer Eigenblutinjektion ansteigen kann. Die Körpertemperatur muss nach Eigenblutinjektion kontrolliert werden.

Krankheitsverlauf

Nach etwa fünf Stunden hatte sich die Körpertemperatur der Stute auf 39,6 °C erhöht. Dies ist als normale Reaktion auf eine Eigenblutbehandlung bei einem Infekt zu werten. Nach weiteren vier Stunden fiel die Temperatur wieder auf 38,7 °C ab. Bis zum nächsten Tag hatte sich die Temperatur normalisiert und das Tier hustete nicht mehr.

Die Behandlung mit Engystol ad us vet. wurde über eine Woche jeden zweiten Tag fortgesetzt, um den Gesundheitszustand zu stabilisieren. Danach wurde für 20 Tage Coenzyme compositum ad us vet. und Ubichinon compositum täglich abwechselnd verabreicht. Außerdem wurde der Stute zusätzlich ein hoch dosiertes Vitaminmineralfutter gegeben, um die höchstwahrscheinlich starken Mangelerscheinungen zu beseitigen.

Die Muskelverhärtungen verschwanden und die Stute begann sich sichtlich zu erholen. Der Gesundheitszustand blieb stabil.

Fall 4: Hyperthyreose bei einer Katze

Schwarze Hauskatze, weiblich, kastriert, 15 Jahre, normaler Futter-zustand.

Spontanbericht

In schulmedizinischer Behandlung wegen Hyperthyreose, die Katze hat deutlich an Gewicht verloren, frisst sehr viel, bekommt Thiamazol.

Informationen aus gelenktem Bericht und Untersuchung

Fell: etwas stumpf und struppig.
Herz: o. B. (hatte bei der ersten tierärztlichen Untersuchung Herzrasen).
Charakter: lässt sich ungern von Fremden anfassen, liebt es nach draußen zu gehen, wirkt etwas missmutig und misstrauisch.
T4 (Basalwert): Ausgangswert größer 14,5 µg/dl (Referenz: 0,9–2,9); jetziger Wert nach mehrwöchiger Behandlung mit Thiamazol größer 7,5 µg/dl.

Auswertung der Symptome

Da das Tier laut Besitzer stark Gewicht verloren hatte, wurde die Abmage-rung als Symptom dazu genommen, obwohl die Katze normalgewichtig war. Der Gewichtsverlust bei verstärktem Appetit ist ein typisches Symptom der Hyperthyreose. Alle weiteren vorhandenen Symptome wurden in das Repertorium übertragen.

Repertorisation nach Bönninghausen

calc	iod	lyc	sil	sulf	
5	4	5	5	5	Verdrießlichkeit
5	5	5	5	5	Heißhunger
3	5	2	3	2	Schilddrüse, Kropf
5	5	5	4	5	Herzklopfen
4	5	5	5	5	Allgemeine Abmagerung
22	**24**	**22**	**22**	**22**	**Summe**

Calcium carbonicum: Typisches Mittel für Jungtiere, die sich schlecht entwickeln, eher schwerfällige große, passive Tiere, Appetitlosigkeit, Erkrankungen des Skelettsystems.

Iodum: Bestandteil des Schilddrüsenhormons; reizbare, unverträgliche Tiere; Haarausfall, schlechtes struppiges Fell; Herzklopfen; Abmagerung oder Adipositas; Tiere suchen Wärme oder Kälte.

Lycopodium: Typisches Altersmittel, Krankheiten entstehen langsam, rechtsseitiges Mittel, Appetitlosigkeit, typisches Lebermittel, besonders bei Erkrankungen der Schleimhäute der oberen Luftwege und des Darmes, Steifheit der Extremitäten.

Silicea: Defensive, nachgiebige Tiere, wirkt besonders auf das Bindegewebe (Narben!), Eiterungsprozesse, fördert die Abstoßung von Fremdkörpern, öffnet Abszesse.

Sulfur: Typisches **Ausleitungsmittel** nach Krankheiten oder schulmedizinischer Therapie; Folge von **Unterdrückung**; wichtiges Mittel bei Hautausschlägen, meist mit Trockenheit und Juckreiz; Atemwegssymptome, Asthma, Dyspepsie, **abwechselnd** Diarrhoe und Obstipation, Hepatomegalie, Lebererkrankungen; Ikterus; Tier riecht unangenehm.

Behandlung

Iodum ist eines der häufigsten Mittel bei der altersbedingten felinen Hyperthyreose und konnte hier durch die Repertorisation und den Vergleich der Arzneimittelbilder gut dargestellt werden. Da alle Symptome direkt von der Schilddrüsenüberfunktion abgeleitet werden konnten, entschied man sich für ein sehr organotropes Arbeiten mit einer D-Potenz. Aufgrund des schulmedizinischen Präparates bekam die Katze eine mittlere Potenz. Das Tier erhielt 3 × täglich zwei Globuli Iodum D12.

Krankheitsverlauf

Innerhalb der nächsten Wochen nahm das Tier etwas an Gewicht zu. Das Fell glättete sich und wurde weicher. Bei der nächsten Untersuchung des T4-Wertes lag dieser unter 3,5 µg / dl.

Es gilt, wie bei fast jeder homöopathischen Verschreibung, dass das Mittel bei Besserung der Symptome eigentlich abzusetzen ist. Besonders Iodum muss recht vorsichtig dosiert werden. Die Katze erhielt trotzdem Iodum als Dauerbehandlung, da die Werte bei Absetzen des Präparates wieder stiegen.

Fall 5: Verhaltensstörung bei einer Katze

Dunkelbrauner Burmese, männlich, kastriert, 3 Jahre, normaler Futter-zustand, auffallend muskulös.

Spontanbericht

Verschmust, verspielt, putzt sich gern; seit einem Jahr: hektisches Putzen am ganzen Körper, aufschrecken, rennt dann weg und versteckt sich unterm Bett, Pupillen vergrößert; es ist dann nicht möglich ihn vom Putzen abzu-halten; schlechter abends, schlechter im Herbst; nervös.
Bewegt sich breitbeinig wie „John Wayne".

Informationen aus gelenktem Bericht und Untersuchung

Rücken: Muskelzucken am Rücken, Empfindlichkeit des Rückens.
Extremitäten: Kreuzbandriss im linken Knie, steife Hinterbeine.
Charakter: freundlich, lieb, mag nicht gern allein sein, lichtempfindlich (schimpft bei Blitzlicht).

Auswertung der Symptome

Beim ersten Ansehen fiel sofort das sehr muskulöse Aussehen des Tieres auf. Der Kater wirkte regelrecht kantig. Fettgewebe war fast nicht vorhanden, was bei einer reinen Hauskatze mehr als ungewöhnlich ist. Dieses Symptom wurde trotz des normalen Futterzustandes wegen des völligen Fehlens von normalem Fettgewebe als Abmagerung gewertet. Ein wichtiges Symptom war der sogenannte Putzzwang (Leitsymptom!), der im Repertorium von Bönninghausen natürlich nicht zu finden ist. Ausgewertet wurden daher die anderen Symptome. Die Rückensymptomatik war nicht weiter einzu-grenzen, außer dass der Kater extrem empfindlich in diesem Bereich war.

Repertorisation nach Bönninghausen

ars	bell	calc	phos	puls	
5	5	5	5	5	Angst
4	5	5	2	3	Pupillen erweitert
5	5	4	4	4	Lichtscheue

ars	bell	calc	phos	puls	
5	5	5	5	5	Rücken im Allgemeinen
3	3	5	5	5	Kniegelenk
5	2	4	5	4	Allgemeine Abmagerung
4	5	4	5	5	Verschlimmerung abends
31	30	32	31	31	**Summe**

Arsenicum album: Endmittel und Rekonvaleszenzmittel. Es wird nicht am Anfang einer Erkrankung eingesetzt. Leitsymptome sind: Angst und Ruhelosigkeit; Angstanfälle, nachts; plötzliche große Schwäche; Tiere verstecken sich gern; Putzzwang der Katzen.

Belladonna: Unruhige Tiere, die plötzlich auffahren, auch aus dem Schlaf; absondern, um Ruhe zu haben; Fieberdelirien; typisch für akute, sich rasch entwickelnde Krankheitszustände. Besonders ausgeprägt finden sich hier die Entzündungszeichen: starke Hitze, **Rötung** und Schmerzen.

Calcium carbonicum: Typisches Mittel für Jungtiere, die sich schlecht entwickeln; eher schwerfällige große, passive Tiere; Appetitlosigkeit; Erkrankungen des Skelettsystems.

Phosphorus: Das Tier ist extrem geräuschempfindlich, vor allem bei **Gewitter**, aber auch bei Schüssen oder Silvesterfeuerwerk; sehr intelligente Tiere, die schnell lernen und meistens sehr gehorsam sind; verschmust, liebesbedürftig; bei älteren männlichen Tieren häufig Prostataprobleme; Erkrankungen der *Medulla spinalis*; häufig Zittern der Flanken und der hinteren Extremitäten.

Pulsatilla: Typisches Mittel für weibliche Tiere, besonders bei Scheinträchtigkeit; lässt sich gerne und leicht trösten; allgemeine Störungen des Hormonsystems; Schnupfen und Husten; wenn Sekrete mild, grün-gelb, dicklich; Verdauungsbeschwerden; rheumatische Beschwerden.

Behandlung

Da bei diesem Tier überwiegend psychische Symptome vorlagen, war eine Repertorisation nach Bönninghausen sehr schwierig. Ein Vergleich der Arzneimittel führte dann aber zu Arsenicum album.

Der Kater bekam 2 × täglich zwei Globuli Arsenicum album C6.

Krankheitsverlauf

Nach Gabe verschwanden die psychischen Symptome innerhalb von zwei Tagen vollständig. Das Mittel wurde noch über drei Wochen weiter gegeben und dann abgesetzt. Nach einem halben Jahr hatte der Kater einen Rückfall, bei dem Arsenicum album C6 nicht anschlug. Er erhielt dann Arsenicum album C30 einmal täglich zwei Globuli für drei Tage. Seine Beschwerden klangen ab und der Kater war über einen Beobachtungszeitraum von zwei Jahren beschwerdefrei.

Grundsätzlich lassen sich Verhaltensstörungen bei Tieren sehr gut homöopathisch behandeln. Unterscheiden muss man in der Praxis allerdings immer echte Verhaltensstörungen, wie in diesem Beispiel, und Verhaltensprobleme, die durch ungünstige Haltungsbedingungen (zum Beispiel mangelnde Bewegung, mangelnde Beschäftigungsmöglichkeiten, fehlende Erziehung, falsche Fütterung…) verursacht werden. Diese Verhaltensprobleme lassen sich natürlich auch nicht durch eine homöopathische Behandlung ausgleichen.

Praxistipp: Bei Verhaltensstörungen müssen die Lebensumstände des Tieres sehr genau beachtet werden.

Fall 6: Epilepsie bei einer Katze

Grauer Maine-Coon-Mix, männlich, kastriert, 1,5 Jahre, normaler Futterzustand.

Spontanbericht

Wiederholte Krampfanfälle (Zucken am ganzen Körper über 3 bis 4 Minuten, Speicheln, Pupillenerweiterung) beim Transport in Transportbox oder unter Stress, klaustrophobisch; beim Tierarzt weiterer Epilepsieanfall trotz Diazepamgabe.

Informationen aus gelenktem Bericht und Untersuchung

Charakter: Klaustrophobie sehr ausgeprägt, geht nicht in ein geschlossenes Körbchen, mag sich nicht anfassen lassen, extremer Stress bei Berührung.

Auswertung der Symptome

Hier standen nur sehr wenige Symptome zur Verfügung. Die extreme Klaustrophobie konnte nicht einbezogen werden, da es dafür keine Rubrik gibt. Katzen mögen im Normalfall Höhlen. Eine Katze, die Angst vor dunklen, engen Höhlen hat, ist in dieser Hinsicht extrem verhaltensauffällig.

Repertorisation nach Bönninghausen

ars	bell	calc	hyos	lyc	stram	
4	5	5	5	4	5	Pupillen erweitert
4	5	4	4	4	5	Speichel-Vermehrung
4	5	5	5	4	5	Fallsucht (Epilepsie)
3	4	5	5	3	3	Epileptoide Krämpfe ohne Bewusstsein
4	5	4	5	3	4	Fallsucht (Epilepsie) mit Konvulsionen
4	5	2	5	5	4	Verschlimmerung von Berührung
23	29	25	29	23	26	**Summe**

Arsenicum album: Endmittel und Rekonvaleszenzmittel. Es wird nicht am Anfang einer Erkrankung eingesetzt. Leitsymptome sind: **Angst** und **Ruhelosigkeit**, Angstanfälle, nachts; plötzliche große Schwäche; Tiere verstecken sich gern; Putzzwang der Katzen.

Belladonna: Unruhige Tiere, die plötzlich auffahren, auch aus dem Schlaf; absondern, um Ruhe zu haben; Fieberdelirien. Typisch für akute, sich rasch entwickelnde Krankheitszustände. Besonders ausgeprägt finden sich hier die Entzündungszeichen: starke Hitze, **Rötung** und Schmerzen.

Calcium carbonicum: Typisches Mittel für Jungtiere, die sich schlecht entwickeln; eher schwerfällige, große, passive Tiere; Appetitlosigkeit; Erkrankungen des Skelettsystems.

Hyoscyamus: Argwöhnische, misstrauische Tiere; Krämpfe der Muskulatur; unwillkürlicher Stuhl- und Harnabgang.

Lycopodium: Typisches Altersmittel; Krankheiten entstehen langsam; rechtsseitiges Mittel; Appetitlosigkeit; typisches Lebermittel; besonders bei Erkrankungen der Schleimhäute der oberen Luftwege und des Darmes; Steifheit der Extremitäten.

Stramonium: Klaustrophobie; Berührungsangst; Angst vor Wasser und glitzernden Gegenständen; Mittel für ZNS; Epilepsie.

Behandlung

Da hier nur wenig eindeutige Symptome vorlagen und die auffallende Klaustrophobie, die völlig untypisch für eine Katze ist, nicht einbezogen werden konnte, wurden die sechs Arzneimittelbilder direkt miteinander verglichen. Dabei hatte nur Stramonium die starke Klaustrophobie und Berührungsangst.

Der Kater bekam einmalig zwei Globuli Stramonium C200.

Krankheitsverlauf

Nach drei Tagen kroch der Kater das erste Mal zu seinen Besitzern unter die Decke und ließ sich streicheln. Eine Woche später bekam das Tier ohne äußeren Anlass einen Epilepsieanfall mit nachfolgender Heißhungerattacke. Danach zeigte er normales, ausgelassenes Verhalten. Heißhungerattacken sind für Epilepsieanfälle bei Katzen zwar typisch, aber nicht für dieses Tier. Da davon auszugehen war, dass hier eine Arzneimittelwirkung vorlag, wurde abgewartet. Der Kater stabilisierte sich und musste keine Medikamente mehr einnehmen.

Fall 7: Ellbogendysplasie beim Hund

Altdeutscher Schäferhund, männlich, 2 Jahre, normaler Futterzustand.

Spontanbericht

An beiden Ellbogen operiert mit 1 Jahr, seitdem Gabe von Carprofen wegen wechselseitiger starker Lahmheit; deutliche Verschlechterung bei Wetterumschwüngen zu kalter und / oder nasser Luft; bei nasskalter Witterung sehr lahm.

Informationen aus gelenktem Bericht und Untersuchung

Extremitäten: unter Carprofen leichte Lahmheit; stärker vorne rechts; Hund läuft sich ein.
Charakter: lieb, freundlich, sehr gutmütig; „etwas dumm"; lernte nur mit Mühe wenigstens die Grundbegriffe wie Sitz und Platz.
Keine Vorerkrankungen bekannt.

Auswertung der Symptome

Ein sehr junger Hund mit einer starken Schmerzsymptomatik, bedingt durch die Ellbogendysplasie (vererbbare Erkrankung häufig bei schnell wachsenden Rassen). Ungewöhnlich war in diesem Fall die schlechte Lernfähigkeit – ungewöhnlich für einen Schäferhund – sodass diese Charaktereigenschaft in die Repertorisation mit aufgenommen wurde.

Repertorisation nach Bönninghausen

calc	lyc	phos	puls	rhus t	
3	5	5	4	4	Schweres Begreifen
	4	4	4	5	Ellbogengelenk
4	5	4	5	5	Verschlimmerung bei anfangender Bewegung
4	4	4	4	5	Verschlimmerung bei kalter Luft
5	4	3	3	5	Verschlimmerung bei nasser Luft

calc	lyc	phos	puls	rhus t	
4				4	Verschlimmerung bei kaltem, nassem Wetter
20	**22**	**20**	**20**	**28**	**Summe**

Rhus toxicodendron: Beschwerden werden durch Nässe, Kälte oder Luftzug verursacht; Beschwerden schlechter in Ruhe und bei Kälte, besser durch Bewegung und Wärme; Beschwerden des gesamten Bewegungsapparates; Lähmungszustände durch Verkühlung; starker Durst durch Trockenheitsgefühl im Maul, Entzündungen in der Mundhöhle, Entzündungen der Haut mit dunkler Röte und Ödembildung.

Behandlung

Der Rüde bekam einmalig fünf Globuli Rhus toxicodendron C30. Am nächsten Tag zeigte er eine starke Erstverschlechterung und war hochgradig lahm. Zwei Tage später war er schmerzfrei und das Carprofen wurde abgesetzt. Der Hund blieb beschwerdefrei.

Dem Besitzer wurde empfohlen, Rhus toxicodendron bei einsetzender Symptomatik zu verabreichen. Über einen Beobachtungszeitraum von mehreren Jahren musste der Hund kein Carprofen mehr einnehmen und bekam nach Bedarf – zum Beispiel bei Wetterumschwüngen – seine Globuli. An diesem Fall konnte man schön beobachten, dass auch Homöopathika sehr schnell wirken und auch – ähnlich wie die Schulmedizin – nach Bedarf eingesetzt werden können.

Fall 8: Chronische Diarrhö beim Hund

Schwarzer Spitz, männlich, kastriert, 1 Jahr, normaler Futterzustand.

Spontanbericht

Wiederholter Durchfall auf Sofa; kann nicht alleine bleiben: bellt, wenn Besitzerin das Haus verlässt, auch bei Anwesenheit anderer Familienmitglieder, extreme Fixierung auf Besitzerin; lernfreudig, starkes Territorialverhalten, Kotproben ohne Befund; seit zwei Wochen zusätzliches Urinieren auf Bett und Couch; seit Kastration sehr nervös: viel Bellen, nervöses Hin- und Herlaufen; Knurren, als ob er keine Ruhe findet; Kotabsatz: hockt sich hin, drückt ewig lang, kommt nur ein bisschen, steht auf, setzt wieder neu an – das Ganze bis zu dreimal; Kot gegen Ende dünner bis breiig, Farbe und Geruch normal; sehr starke Angst beim Berühren des Halses – bekommt deswegen das Halsband nie ausgezogen.

Informationen aus gelenktem Bericht und Untersuchung

Augen: leichter Exophthalmus beidseits, leichtes seröses Tränen.
Fell / Haut: stumpf, verliert Fell büschelweise; trocken, stark schuppend.
Gastrointestinaltrakt: nach Kastration Durchfall wie Wasser.
Vorbehandlung / Begleitmedikation: Antibiotika.
Charakter: intelligent, lernfreudig; freundlich-dominant; verspielt; schmust selten; Eifersucht auf Partner von Besitzerin und Katze; aggressiv gegen Artgenossen; seit Kastration alle Symptome schlechter.

Auswertung der Symptome

Besonders auffallend war der generell gestörte Kotabsatz. Zusätzlich kamen die Angst vor Berührungen besonders im Halsbereich (Leitsymptom!) sowie die Eifersucht hinzu. Da der Hund nie misshandelt worden war, war die extreme Angst vor Berührungen nicht zu erklären. Charakterlich fällt zusätzlich die schnelle Auffassungsgabe auf. Das etwas unruhige Wesen ist bei Spitzen durchaus typisch, wie auch der leichte Exophthalmus und das dadurch bedingte Augentränen zuchtbedingt „normal" ist. Diese Symptome wurden daher nicht zur Repertorisation herangezogen.

Repertorisation nach Bönninghausen

lach	merc	sulf	verat	
4		2	3	leichtes Begreifen
4	5	5	5	Durchfall
4	5	5	5	Stuhlbeschwerden vor dem Stuhlgang
3	5	5	5	Stuhlbeschwerden beim Stuhlgang
4	4	3	3	Hals
5	4	4	3	Überempfindlichkeit äußerer Teile
4	4	5	3	Ausdünstungsmangel
3				schlechter von Eifersucht
5				schlechter bei Berühren des Halses
5	3	2	3	schlechter von narkotischen Arzneien
41	**27**	**29**	**27**	**Summe**

Lachesis: Temperamentvolle, lebhafte Tiere; auffallend ist die oft extrem starke Eifersucht, der Besitzer möchte mit niemandem geteilt werden. Tiere möchten nicht am Hals angefasst werden (Leitsymptom)! Linksseitiges Mittel. Typisches Entzündungsmittel mit bläulicher Verfärbung der betroffenen Stellen; wichtiges Mittel bei bestehender Sepsis, kleine Wunden bluten stark; Durchfallerkrankungen spritzend, gussartig; verschiedenartige Beschwerden begleitend zum Durchfall.

Behandlung

Es ergab sich in diesem Fall eine Repertorisation zugunsten von Lachesis. Der Hund bekam einmalig Lachesis C200 fünf Globuli.

Krankheitsverlauf

Eine Erstverschlimmerung trat nicht ein. Nach vier Wochen waren sämtliche Symptome verschwunden bis auf die Berührungsempfindlichkeit am Hals und eine leichte Eifersucht. Allerdings konnte man nun das Halsband an- und ausziehen und auch die Besitzerin konnte die Wohnung ohne Probleme verlassen.

Fall 9: Verhaltensstörung beim Hund

Schwarz-brauner Deutscher Pinscher, männlich, 1 Jahr, leichte Kachexie.

Spontanbericht

Seit Nachbarhündin „heiß" ist, frisst er nicht mehr und hat Durchfall; sehr ängstlicher Hund, zart; unruhig, nervös; Rumpeln im Bauch; Liebeskummer, weil Spielgefährtin fehlt.

Informationen aus gelenktem Bericht und Untersuchung

Bauch: sehr empfindlich beim Abtasten des Abdomens.
Charakter: sehr sanft und kinderlieb, liebt Gesellschaft sehr.

Auswertung der Symptome

Da eine bereits erfolgte Untersuchung durch den Tierarzt eine körperliche Erkrankung weitgehend ausschloss, wurde von einer rein psychosomatischen Erkrankung ausgegangen und auf eine weitergehende Diagnostik verzichtet.

Repertorisation nach Bönninghausen

ign	puls	verat	
4	5	5	Angst
3	5	4	Sanftheit
4	4	3	Appetitlosigkeit
5	5	5	Magen
4	5	4	Blähungsgetöse (Bauchknurren)
3	5	5	Durchfall
4	4	4	allgemeine Abmagerung
5	5	4	Verschlimmerung von Gemütsbewegungen
5	4	4	Verschlimmerung von Gemütsbewegung mit Gram und Kummer

ign	puls	verat	
37	42	38	Summe

Ignatia: Überempfindlichkeit aller Sinne; Kummermittel; Tonussteigerung der Muskulatur; psychogene Leckdermatitis.
Pulsatilla: Typisches Mittel für weibliche Tiere, besonders bei Scheinträchtigkeit; lässt sich gerne und leicht trösten; allgemeine Störungen des Hormonsystems; Schnupfen und Husten; wenn Sekrete mild, grün-gelb, dicklich; Verdauungsbeschwerden; rheumatische Beschwerden.
Veratrum album: Typisches Mittel bei Infektionskrankheiten mit Kreislaufkollaps; Schwäche; eiskalte Extremitäten; Schleimhäute sind trocken; wässriger Durchfall.

Behandlung

Da Ignatia ein typisches Mittel bei Symptomen ist, die durch Verlust hervorgerufen werden, bekam der Hund einmalig zwei Globuli Ignatia C30.

Krankheitsverlauf

Die psychischen und körperlichen Symptome klangen ab. Nach einem halben Jahr wurde der Hund mit den gleichen Symptomen erneut vorgestellt. Auch hier war wieder der Auslöser der vorübergehende Entzug eines Spielgefährten. Allerdings war das Tier jetzt nicht mehr zu dünn und hatte einen normalen Futterzustand erreicht. Laut Besitzer war er auch insgesamt in seiner Psyche stabiler geworden. Ignatia C30 schlug nicht mehr an. Der Hund erhielt zwei Globuli Ignatia C200. Sein Zustand normalisierte sich erneut und blieb dann auch in dieser Form erhalten.

Fall 10: Hauterkrankung und Scheinträchtigkeit beim Hund

Schwarzer Shar-Pei-Labrador-Mischling, weiblich, 5 Jahre, normaler Futterzustand.

Spontanbericht

Scheinträchtigkeiten; sehr sensibel, ängstlich; starker Jagdtrieb; mäkelig mit Futter; Magen-Darm empfindlich – bekommt schnell Durchfall (cremefarben-hell, dünn, schleimig-blutig); seit Welpe Hautprobleme; seit mehreren Wochen zunehmend: punktueller Fellausfall wie Mottenfraß; Fell sehr schuppig; seit Welpe Fellausfall hinter den Ohren; speichelt unter Stress; im Frühjahr alle Symptome schlechter; Fellausfall rund um die Augen wie Brille.

Informationen aus gelenktem Bericht und Untersuchung

Allergien: Hausstaubmilbe.
Operationen: Korrektur des Entropiums auf beiden Seiten.
Fell: am ganzen Körper punktuelle kreisrunde Alopezie; Fell strähnig; Fellausfall um die Augen wie Brille.
Haut: leichte Hyperkeratose, keine Entzündungszeichen, kleine gelbe bis braune Schuppen.
Herz: Arrhythmie, bradykard.
Gastrointestinaltrakt: manchmal gelb-grünes Erbrechen.
Urogenitaltrakt: Endometritis in der Vorgeschichte, Vulva stark geschwollen.
Charakter: hält sich sehr sauber, mag nicht im Dreck liegen; dominant gegenüber anderen Hunden; mag keinen Regen, Wind und Sturm; „arrogante Tussi"; Angst an Silvester – möchte aber trotzdem gucken – neugierig.
Blutbild: o. B.

Auswertung der Symptome

Ständige Scheinträchtigkeiten sind eine große psychische Belastung für das Tier, da hier ein Instinkt, nämlich die Arterhaltung, nicht ausgelebt werden kann. Kann eine Scheinträchtigkeit homöopathisch nicht auf Dauer beseitigt werden, sollte eine Kastration überdacht werden. Eine homöopathische Regulation des eigentlich völlig normalen Arterhaltungstriebes ist nach Erfahrungen der Autorin nicht immer möglich. Bei jeder Scheinträchtigkeit besteht das Risiko einer Endometritis und / oder Pyometra. Die Scheinträchtigkeiten werden in der Rubrik „zu starker Geschlechtstrieb" untergebracht. Aufgrund der Brillenbildung um die Augen wurde gezielt nach einem Auslandaufenthalt mit dem Hund gefragt. Die Brillenbildung ist typisch für die Leishmaniose und hätte – bei der Möglichkeit einer Ansteckung – ausgeschlossen werden müssen. Die Hündin hatte zu diesem Zeitpunkt allerdings noch keine Auslandsreise gemacht. Auch eine Demodikose konnte aufgrund des Hautbildes mit hoher Wahrscheinlichkeit ausgeschlossen werden, außerdem zeigte das Blutbild keine Erhöhung der Entzündungsparameter. Da kein Juckreiz bestand und die eosinophilen Granulozyten im Normbereich lagen, war auch eine allergische Ursache sehr unwahrscheinlich. Die Symptome wurden – soweit möglich – direkt in das Repertorium umgesetzt.

Repertorisation nach Bönninghausen

ars	phos	puls	sep	sulf	
	2	4	3	4	hinter den Ohren
4	4	4	5	3	Gehör Empfindlichkeit
5	4	5	4	5	Erbrechen im Allgemeinen
5	5	5	4	5	Durchfall
2		3	5	4	Geschlechtsteile, äußere Teile
5	3	5	5	4	Gebärmutter
3	5	5	2	3	Geschlechtstrieb zu stark
4	4	4	4	3	Abschuppung der Haut
3	4	2	5	2	sich abschälender, schuppender Ausschlag
5	5		5	4	schuppiger Ausschlag
36	**36**	**37**	**42**	**37**	**Summe**

Arsenicum album: Endmittel und Rekonvaleszenzmittel. Es wird nicht am Anfang einer Erkrankung eingesetzt. Leitsymptome sind: **Angst** und **Ruhelosigkeit**, Angstanfälle, nachts; plötzliche große Schwäche; Tiere verstecken sich gern; Putzzwang der Katzen.
Pulsatilla: Typisches Mittel für weibliche Tiere, besonders bei Scheinträch-

tigkeit; lässt sich gerne und leicht trösten; allgemeine Störungen des Hormonsystems; Schnupfen und Husten; wenn Sekrete mild, grün-gelb, dicklich; Verdauungsbeschwerden, rheumatische Beschwerden.

Phosphorus: Das Tier ist extrem geräuschempfindlich, vor allem bei **Gewitter**, aber auch bei Schüssen oder Silvesterfeuerwerk; sehr intelligente Tiere, die schnell lernen und meistens sehr gehorsam sind; verschmust, liebesbedürftig; bei älteren männlichen Tieren häufig Prostataprobleme; Erkrankungen der *Medulla spinalis*; häufig Zittern der Flanken und der hinteren Extremitäten.

Sepia: Hormonelles Mittel! Ungleichgewicht zwischen männlichen und weiblichen Hormonen; Scheinträchtigkeit; Haut: trocken, kleine braune Schuppen, fleckförmiger Fellausfall am ganzen Körper; braune / gelbe Flecken der Haut.

Sulfur: Typisches **Ausleitungsmittel** nach Krankheiten oder schulmedizinischer Therapie; Folge von **Unterdrückung**; wichtiges Mittel bei Hautausschlägen, meist mit Trockenheit und Juckreiz; Atemwegssymptome, Asthma; Dyspepsie; **abwechselnd** Diarrhö und Obstipation; Hepatomegalie, Lebererkrankungen; Ikterus; Tier riecht unangenehm.

Behandlung

Die Repertorisation fiel deutlich zugunsten von Sepia aus. Der direkte Vergleich der Arzneimittel bestätigte Sepia. Die Hündin erhielt 3 × täglich vier Globuli Sepia C12. In diesem Fall wurde eine mittlere Potenz gewählt, da es bei starker Hautsymptomatik nach Erfahrungen der Autorin günstiger ist, das Mittel häufiger zu geben – dies ist in einer Hochpotenz nicht möglich.

Krankheitsverlauf

Innerhalb von zehn Tagen stoppte der Fellausfall und es kamen keine neuen Stellen mehr hinzu. Nach drei Monaten war das Fell sichtlich nachgewachsen und das Tier auch insgesamt in einem psychisch besseren Gesamtzustand. Das Problem der Scheinschwangerschaften bestand nicht mehr.

Fall 11: Chronische Verwurmung beim Hund

Beige-brauner Terrier-Schäferhund-Mischling, weiblich, kastriert, 14 Jahre, normaler Futterzustand.

Spontanbericht

Ständige Verwurmung mit Spulwürmern; es muss spätestens alle vier Wochen entwurmt werden; die Hündin wildert gerne; leichtsinniger Hund: springt blind irgendwo herunter, ohne Höhe sehen zu können; aggressiv gegen andere Hunde; aus dem Tierheim: wurde in einem Kanalrohr gefunden, wo sie sich tagelang versteckt hatte; kein Sozialverhalten gegenüber anderen Hunden; konnte am Anfang auch nicht spielen; hört nicht gut; geht seit eineinhalb Jahren zum Schlafen in das Auto in der Garage; Auslöser war vielleicht Baulärm; Spondylose; vergrößertes Herz; bekommt teilweise Carprofen; springt manchmal auf wie von der Tarantel gestochen – das ging nach der Gabe von Magaldrat weg; Zähne abgebrochen; Warzenbildung an Pfoten, Kinn und Augen; hatte nach der letzten Narkose einen einmaligen Epilepsieanfall; wenn sie ruht, reißt sie plötzlich die Augen auf und springt auf, als hätte sie Gespenster gesehen.

Informationen aus gelenktem Bericht und Untersuchung

Augen: leichte Katarakt.
Fell: etwas stumpf.
Haut: trocken, stark schuppend; vorherige Hautveränderungen: feste, erhabene, rote, unregelmäßige Hautveränderung an Rücken – wurde chirurgisch entfernt; zwei Jahre später erneut ähnliche Veränderung an der Rute – auch diese wurde operativ vor eineinhalb Jahren entfernt.
Urogenitaltrakt: Harnverhalten bis zu drei Tagen; Harnträufeln; presst ohne Urinabgang, hat dabei Schmerzen.
Charakter: unterwürfig zum Menschen, sehr dominant zu Artgenossen; hat früher unter dem Bett geschlafen, heute im Auto; mag nicht angefasst werden; Angst vor Dunkelheit, Angst vor Gewitter, Angst vor Geräuschen durch Wind, unabhängig von der Lautstärke;
Sonstiges: manchmal Muskelzittern am ganzen Körper; spürt Zecken und möchte sie entfernt bekommen.

Auswertung der Symptome

Vorgestellt wurde das Tier wegen der ständigen Verwurmung, die behoben werden sollte. Bei der Fallaufnahme zeigte sich eine sehr lange Krankengeschichte mit vielen eigentümlichen Verhaltenssymptomen. Eine vollständige Umsetzung in das Repertorium ist eigentlich nicht notwendig. Aus Gründen der Anschaulichkeit wurden aber die meisten Symptome übernommen.

Repertorisation nach Bönninghausen

acon	ars	bell	
5	5	5	Angst
4	3	5	Einbildungen
5	4	4	Gehör-Empfindlichkeit
3	4	5	Innerer Bauch, Unterbauch
4	3	3	Vergeblicher Harndrang
4	2	3	Harnabgang zu selten
	2	5	Tropfenweiser Harnabgang
		3	Begleitende Beschwerden vor dem Harnen
4	3	3	Begleitende Beschwerden beim Harnen
4	5	5	Rücken im Allgemeinen
2	4	5	Fallsucht (Epilepsie)
3	3	4	Muskelzucken, Sehnenhüpfen
4	4	5	Abschuppung der Haut
4	5	3	Ausschlag im Allgemeinen
4	2	5	Empfindlichkeit der Haut im Allgemeinen
4	2	5	Farbe der Haut, rot
	4	5	Warzen
5		5	Verschlimmerung von Geräuschen

acon	ars	bell	
2	3	5	Verschlimmerung von narkotischen Arzneien
61	58	83	Summe

Belladonna: Unruhige Tiere, die plötzlich auffahren, auch aus dem Schlaf; absondern, um Ruhe zu haben; Fieberdelirien. Typisch für akute, sich rasch entwickelnde Krankheitszustände. Besonders ausgeprägt finden sich hier die Entzündungszeichen: starke Hitze, Rötung und Schmerzen.

Behandlung

Die Repertorisation zeigte ein eindeutiges Belladona-Bild, das durch einen Blick in das Arzneimittelbild bestätigt wurde. Der Hund bekam einmalig Belladonna C30 fünf Globuli.

Krankheitsverlauf

Das Tier zeigte laut Besitzer innerhalb von zehn Minuten eine starke Erstreaktion. Sie brach zusammen und stand für die nächste halbe Stunde auch nicht auf. Danach stand die Hündin auf und zeigte keine weiteren Erstreaktionen mehr. Diese sehr starke und schnelle Reaktion ist sehr typisch für Belladonna, wenn das Mittel passt. In der Folgezeit bestanden keine Probleme mehr durch Verwurmungen. Es traten keinerlei Hautprobleme mehr auf. Der Harnabgang verbesserte sich deutlich. Die Verhaltenssymptome blieben bestehen und auch die Beschwerden durch die Spondylose. Im folgenden Jahr nahmen die Beschwerden durch die Spondylose zu. Andere gesundheitliche Probleme traten nicht mehr auf. Die Hündin wurde ein Jahr später aufgrund eines Apoplex euthanasiert.

Fall 12: Chronische Gastroenteritis beim Hund

Schwarz-weiße französische Bulldogge, weiblich, 1,5 Jahre, leicht adipös.

Spontanbericht

Sehr zutraulich und lieb; Husten (trocken, nur nachts anfallsartig) ; immer wiederkehrendes Erbrechen von gelbem Schleim bis zu fünfmal täglich; Durchfall wie Wasser; Allgemeinbefinden trotzdem immer sehr gut; tierärztliche Behandlung jedes Mal über zwei bis drei Monate nötig; sehr freundlich, gutmütig, lustig, Clown; Schnarcheln; ständiges Belecken und Bekauen der Vorderpfoten; immer wieder scheinträchtig.

Informationen aus gelenktem Bericht und Untersuchung

Allergietest negativ.
Augen: leichte Konjunktivitis.
Pfoten: rote Ballen und rote Zwischenzehenbereiche; sehr empfindlich.
Schlafverhalten: träumt jede Nacht.
Nachts alle Symptome schlechter.
Licht- und geruchsempfindlich.
Blutbild: starke Erhöhung der Leukozyten und Granulozyten, leichte Erniedrigung Hämoglobin.

Auswertung der Symptome

Die Symptome wurden soweit übernommen. Die Konjunktivitis wurde nicht herangezogen, da sie meist zuchtbedingt bei dieser Rasse vorkommt.

Repertorisation nach Bönninghausen

ars	graph	merc	phos	puls	
5	4	5	4	4	Lichtscheue
2	4		5	3	Geruchsempfindlich
4	2	4	3	5	Schleimiges Erbrechen
5	3	5	5	5	Durchfall

ars	graph	merc	phos	puls	
3	4	4	5	5	Geschlechtstrieb zu stark
5	2	4	5	5	Husten im Allgemeinen
3	5			4	Zwischen den Fingern
3	4	3	4	5	Fußsohle
3	3			5	Zehenballen
4	4	4	5	5	Träume im Allgemeinen
5	5	5	5	5	Verschlimmerung nachts
45	**40**	**34**	**41**	**51**	**Summe**

Pulsatilla: Typisches Mittel für weibliche Tiere, besonders bei Scheinträchtigkeit; lässt sich gerne und leicht trösten; allgemeine Störungen des Hormonsystems; Schnupfen und Husten; wenn Sekrete mild, grüngelb, dicklich; Verdauungsbeschwerden; rheumatische Beschwerden.

Behandlung

Es ergab sich hier ein eindeutiges Pulsatilla-Bild. Die Scheinträchtigkeiten sind häufig ein Leitsymptom für Pulsatilla. Da die Hündin sehr häufig allopathisch behandelt worden war, wurde zunächst Sulfur D30 als Ausleitungsmittel ein Mal täglich drei Globuli über zehn Tage verabreicht. Danach wurde Pulsatilla C200 ein Mal drei Globuli gegeben.

Krankheitsverlauf

Nach der Gabe von Sulfur entwickelte das Tier einen Hautausschlag am Bauch, der nach einer Woche wieder abklang. Danach wurde Pulsatilla gegeben. Innerhalb von zwei Wochen verbesserten sich sämtliche Symptome. Das Belecken und Bekauen der Vorderpfoten einschließlich der Rötung bestanden in einer leichten Form weiter. Die Mittelgabe wurde wiederholt, daraufhin verschwanden alle Symptome. Nach zwei Monaten begann die Hündin während der Läufigkeit wieder intensiv ihre Pfoten zu belecken und zu bekauen. Jetzt wurde Pulsatilla C1000 drei Globuli gegeben. Eine Kontrolle des Blutbildes ergab keinerlei Auffälligkeiten mehr. Die Hündin war nach einem halben Jahr nach telefonischer Nachfrage immer noch beschwerdefrei.

Fall 13: Spondylose und Wirbelkanalverengung beim Hund

Schwarzer Schäferhund-Collie-Mix, männlich, kastriert, 12,5 Jahre, normaler Futterzustand.

Spontanbericht

Spondylose der LWS, bekommt Carprofen; kann nicht allein aufstehen, läuft unsicher, die Beine knicken weg; Spaziergänge nicht mehr möglich.

Informationen aus gelenktem Bericht und Untersuchung

Operationen: vor 2 Jahren Kastration wegen beständigem Harnträufeln (Prostatahyperplasie).
Schilddrüse: Hypothyreose, Behandlung mit L-Thyroxin.
Rücken: sehr schmerzempfindlich im Bereich der LWS; angeborene Wirbelkanalverengung im Röntgenbild sichtbar.
Extremitäten: starkes Muskelzittern der Flanken und Hinterläufe, teilweise keine Kontrolle über die Hinterbeine.
Charakter: Vorbildhund, sehr gehorsam; defensiv; fixiert auf Besitzer; nicht schussfest, Angst bei Gewitter und lauten Geräuschen; sehr würdevoll; wirkt sehr müde; sehr apathisch und teilnahmslos; mag die Kälte und Kälte bessert auch die Symptomatik.

Auswertung der Symptome

Die Symptome wurden soweit möglich ins Repertorium umgesetzt.

Repertorisation nach Bönninghausen

phos	puls	sulf	
5	5	5	Allgemeine Angegriffenheit
4	4	3	Gehör-Empfindlichkeit
	4		Prostata
3	4	5	Tropfenweiser Harnabgang
2		2	Schilddrüse, Kropf

phos	puls	sulf	
4	5	5	Kreuz-, Lenden und Sacralgegend
2	3	3	Oberschenkel
4	5	5	Zittern äußerer Teile
3			Verschlimmerung bei Gewitter
27	30	28	Summe

Phosphorus: Das Tier ist extrem geräuschempfindlich, vor allem bei Gewitter, aber auch bei Schüssen oder Silvesterfeuerwerk; sehr intelligente Tiere, die schnell lernen und meistens sehr gehorsam sind; verschmust, liebesbedürftig; bei älteren männlichen Tieren häufig Prostataprobleme; Erkrankungen der *Medulla spinalis*; häufig Zittern der Flanken und der hinteren Extremitäten.

Pulsatilla: Typisches Mittel für weibliche Tiere, besonders bei Scheinträchtigkeit; lässt sich gerne und leicht trösten; allgemeine Störungen des Hormonsystems; Schnupfen und Husten; wenn Sekrete mild, grün-gelb, dicklich; Verdauungsbeschwerden; rheumatische Beschwerden.

Sulfur: Typisches **Ausleitungsmittel** nach Krankheiten oder schulmedizinischer Therapie; Folge von **Unterdrückung**; wichtiges Mittel bei Hautausschlägen, meist mit Trockenheit und Juckreiz; Atemwegssymptome, Asthma; Dyspepsie; **abwechselnd** Diarrhö und Obstipation; Hepatomegalie, Lebererkrankungen; Ikterus; Tier riecht unangenehm.

Behandlung

Bei diesem Tier ist die Mittelfindung ohne Erfahrung nicht einfach. Beim Nachlesen der Arzneimittelbilder stellt man fest, dass Phosphorus auch die Prostatahyperplasie im Arzneimittelbild hat, Bönninghausen ihm aber keine Wertigkeit zuweist. Sulfur als Konstitutionsmittel ist recht selten und Pulsatilla beim männlichen Tier auch. Aus diesem Grund wurde dem Hund ein Milliliter Phosphorus C200 subkutan gespritzt.

Krankheitsverlauf

Nach einer Woche konnte der Hund wieder ohne Hilfe aufstehen und seine Beine koordinieren. Kleine Spaziergänge waren wieder möglich. Sein Gesundheitszustand blieb in dieser Form erhalten.

Fall 14: Hauterkrankung und Arthrose beim Hund

Brauner Beagle, weiblich, kastriert, 5,5 Jahre, leicht adipös.

Spontanbericht

Etwas zu dick; spielt nicht mit anderen Hunden; mit ½ Jahr: immer wieder-kehrender Harnwegsinfekt mit Blut im Urin über 5 Monate – danach Harn-inkontinenz weiter bestehend über etwa 3 Monate; mit 2 Jahren: abwech-selnde Lahmheit vorn, nächtliche Atemnot. Seit 2 Jahren immer wiederkeh-rende Bläschen mit Rötung zwischen den Zehen der Vorderläufe (kein Juck-reiz), die jedes Mal operativ entfernt wurden; vor 1,5 Jahren Ekzem an oberer Lefze und Nasenspiegel (Haut hell, blass, nässend); hormonelles Problem: äußerte sich durch generalisierten Fellausfall – es wurde eine entsprechende Hormonbehandlung durch den Tierarzt gemacht; vor ½ Jahr Diagnose von Spondylose des Rückens in Lendenwirbelsäule und Arthrose im Ellbogen (seitdem tägliche Gabe von Carprofen); mit etwa 9 Monaten Scheinträchtig-keit – deshalb Kastration; schläft viel; frisst gern; extrem Wärme liebend; lieb; stur, dickköpfig; ruhig.

Informationen aus gelenktem Bericht und Untersuchung

Pfoten: Haut zwischen Zehen rot und nässend.
Herz: leicht bradykard.
Charakter: träge, ruhig, freundlich, mag nicht gern allein sein, bringt nichts aus der Ruhe.
Blutbild: Triglyceride erhöht; HbE und MCHC leicht erhöht; Monozyten und Lymphozyten sehr stark erhöht.
Allergietest positiv auf Milben, Schimmelpilze und Flohspeichel.

Auswertung der Symptome

Der positive Allergietest war aufgrund der Symptomatik zu erwarten. Die Erhöhung der Triglyceride ist typisch für Tiere mit Übergewicht. Zu erwarten gewesen wäre – als Folge der Allergien – eine Erhöhung der eosinophilen Granulozyten, diese waren aber im Normbereich. Die anderen Werte zeigen ein entzündliches Geschehen an, das nicht näher einzugrenzen war. Hervor-stechend waren bei diesem Tier die frühe Arthrosebildung an mehreren Gelenken und natürlich die immer wiederkehrenden Hautsymptome. Des Weiteren wurden auch der Harnwegsinfekt, der nicht ausheilen wollte, und die Inkontinenz in die Repertorisation mit einbezogen. Auffallende Erkrankungen in der Krankengeschichte können immer mit einbezogen werden, da diese normalerweise auch der Konstitution des Tieres entsprechen.

Repertorisation nach Bönninghausen

calc	merc	nat m	puls	rhus t	
4	5	4	5	5	Äußere Nase
3	3	3	5	3	Harnblase
4	4	3	5		Harn blutig
3	4	5	5	5	Unwillkürlicher Harnabgang
4	4	4	5	2	Geschlechtstrieb zu stark
5	4	2	5	5	Husten im Allgemeinen
5	3	5	5	4	Herz und Herzgegend
4	4	4	5	5	Kreuz-, Lenden- und Sacralgegend
			4	2	Zwischen den Fingern
3	4	3	4	5	Ellbogengelenk
5	3	4	4	5	Ausschlag, Knoten, Beulen, Quaddeln
5	3	4	5		Farbe der Haut bleich
45	**41**	**41**	**57**	**41**	**Summe**

Pulsatilla: Typisches Mittel für weibliche Tiere, besonders bei Scheinträchtigkeit; lässt sich gerne und leicht trösten; allgemeine Störungen des Hormonsystems; Schnupfen und Husten; wenn Sekrete mild, grüngelb, dicklich; Verdauungsbeschwerden; rheumatische Beschwerden.

Behandlung

Ein Pulsatilla-Hund aus dem Bilderbuch. Allerdings wurde auch hier zunächst – aufgrund der häufigen allopathischen Behandlungen – einmal täglich drei Globuli Sulfur D30 über zehn Tage verabreicht.

Krankheitsverlauf

Die Hündin zeigte keinerlei Reaktionen auf Sulfur. Nach Ablauf der zehn Tage wurde einmalig Pulsatilla C200 fünf Globuli gegeben. In den darauffolgenden Tagen gingen mehrmals größere Mengen Schleim mit dem Kot ab. Die Bläschen und die Rötung verschwanden. Es wurde begonnen, das Carprofen abzusetzen. Bis auf eine leichte Steifheit im Rücken wurde keine Veränderung der Bewegungsfähigkeit festgestellt.

Vier Monate später bekam die Hündin einen leichten Rückfall mit Bläschenbildung und Rötung zwischen den Zehen an den Vorderläufen. Die Hündin bekam einmalig fünf Globuli Pulsatilla C1000.

Bei nass-kalten Wetterumschwüngen erhält sie ab und zu Carprofen, da sie dann eine leichte Symptomatik zeigt. Im Alltag kommt sie ohne Medikamente aus und musste auch nicht wieder operiert werden.

Fall 15: Trauma beim Pferd

Schwarzer Warmblut-Wallach, 6 Jahre, normaler Futterzustand.

Spontanbericht

Nach einem Weideaufenthalt vor drei Wochen hatte er eine fast fußballgroße Schwellung an der linken Seite, wahrscheinlich durch einen Tritt;
keine Verbesserung durch Heparin; Tierarzt rät zu einem operativen Vorgehen; jetzt keine Lahmheit mehr; am Anfang über zwei Tage Lahmheit bei
Bewegung, sehr gesundes Tier, keine Vorerkrankungen.

Informationen aus gelenktem Bericht und Untersuchung

Oberschenkel: starke Schwellung hinten links außen; Schwellung ist weich;
Flüssigkeit kann gefühlt werden; deutlich schmerzhaft für das Tier beim
Palpieren.
Charakter: sehr dominantes Tier; freundlich; mag keine Fremden.

Auswertung der Symptome

Hier war besonders auffallend die übertrieben starke Reaktion auf ein Trauma: Eine fußballgroße Schwellung durch einen Tritt, die sich auch nicht
wieder von allein zurückbildet, ist recht ungewöhnlich. Es war hier deutlich
eine körperliche Schwachstelle in der Konstitution des Tieres zu sehen, da
die Schwellung sich laut Aussage von Besitzer und Tierarzt überhaupt nicht
verändert hatte. Im Verhalten war das Tier unauffällig.
Das Wort „Verschlimmerung" sollte nicht zu wörtlich aufgefasst werden, da
der Sprachgebrauch früher anders war. Clemens Maria Franz von Bönninghausen meint hier nicht nur, dass sich eine vorhergehende Symptomatik
verschlechtert, sondern auch dass eine neue Symptomatik erst hervorgerufen wird. Blutergüsse können bei Tieren durch das Fell oft nicht festgestellt
werden. In diesem Fall konnte aber von einer Hämatom-Bildung im Gewebe
ausgegangen werden, sodass dieses Symptom zur Repertorisation mit herangezogen werden kann.

Repertorisation nach Bönninghausen

arn	bry	rhus t	ruta	
4	3	4	3	Oberschenkel

arn	bry	rhus t	ruta	
5	5	5	3	Verschlimmerung bei Bewegung des leidenden Teils
2	4	2	4	Verschlimmerung von äußerem Druck
5	3	5	4	Verschlimmerung von Verletzungen
5	3	3	4	Verschlimmerung von Verletzung mit Bluterguss
5				Verschlimmerung von Weichteilverletzungen
26	**18**	**19**	**18**	**Summe**

Arnica montana: Folgen nach Verletzungen, auch durch leichte Stöße schon starke Traumen; Berührungsangst.

Bryonia: Krankheiten entwickeln sich langsam; Durst; reizbare Tiere; trockene Schleimhäute führen zu Husten; Gelenke schmerzhaft, heiß geschwollen; Schmerzen nur bei Bewegung.

Rhus toxicodendron: Beschwerden werden durch Nässe, Kälte oder Luftzug verursacht; Beschwerden schlimmer in Ruhe und bei Kälte, besser durch Bewegung und Wärme; Beschwerden des gesamten Bewegungsapparates; Lähmungszustände durch Verkühlung; starker Durst durch Trockenheitsgefühl im Maul; Entzündungen in der Mundhöhle, Entzündungen der Haut mit dunkler Röte und Ödembildung.

Ruta graveolans: Verletzungen von Periost und Knochen; Schmerzen nach Quetschungen und Prellungen; Bewegung bessert; ängstliche Tiere.

Behandlung

Es ergab sich eine eindeutige Repertorisation zugunsten von Arnica. Das Tier bekam 2 × täglich fünf Tabletten Arnica C12. Eine dreimalige Gabe ist in den meisten Reitställen nicht umsetzbar. In der klinischen Homöopathie wird Arnica generell bei Verletzungen, Quetschungen etc. eingesetzt.

Krankheitsverlauf

Innerhalb von drei Tagen bildete sich die Schwellung sichtlich zurück und verschwand gänzlich in den nächsten zwei Wochen. Eine chirurgische Intervention war nicht notwendig.

Fall 16: Phlegmone beim Pferd

Schimmelstute, 5 Jahre, normaler Futterzustand.

Spontanbericht

Wurde vor drei Wochen von anderem Pferd getreten; nach einem Tag sehr starke Schwellung vom Fesselgelenk bis zum Vorderfußwurzelgelenk; wurde mit Angussverbänden und Antibiotika über 14 Tage behandelt; Schwellung jetzt besser; abends nach Koppelgang weg; morgens nach der Boxenruhe ist das Bein wieder dick; Schwierigkeiten beim Anlegen des Angussverbandes, da sie dann sehr unruhig ist; tritt dann auch nach Besitzer; „Zicke".

Informationen aus gelenktem Bericht und Untersuchung

Extremitäten: vorderes linkes Fesselgelenk warm und geschwollen; leichtes Ödem bis zum Vorderfußwurzelgelenk im Bereich der Sehne bzw. Sehnenscheide; bei Berührung zuckt die Stute sofort zurück; leichte Lahmheit. Charakter: reizbares Tier; sehr nervenstark; lässt sich nicht gut behandeln und untersuchen; in der Herde mittelrangig; kerngesund; kann sich wehren.

Auswertung der Symptome

Hier handelt es sich um eine Phlegmone, die durch eine Trittverletzung ausgelöst wurde. Ungewöhnlich war hier, dass die Entzündung trotz systemischer Antibiotikagabe nicht ausgeheilt war, sondern dabei war, in einen chronischen Zustand überzugehen. Die Symptome wurden in das Repertorium übertragen.

Repertorisation nach Bönninghausen

acon	bell	bry	lyc	
5	4	4	4	Gereiztheit
4	4	4	5	Hand
3	4	4	5	Finger
4	2	4	3	Handgelenk
5	5	5	4	Entzündungen innerer Teile

acon	bell	bry	lyc	
3	5	4	3	Wassersucht innerer Teile
4	5	5	5	Verschlimmerung von Berührung
4	2	4	5	Verschlimmerung in der Ruhe
4	5	4	4	Besserung beim Gehen
36	36	38	38	Summe

Aconitum: Plötzlich und **heftig** einsetzende Symptome; leicht erregbare Tiere; akute Entzündungen.

Belladonna: Unruhige Tiere, die plötzlich auffahren, auch aus dem Schlaf; absondern, um Ruhe zu haben; Fieberdelirien; typisch für akute, sich rasch entwickelnde Krankheitszustände. Besonders ausgeprägt finden sich hier die Entzündungszeichen: starke Hitze, **Rötung** und Schmerzen.

Bryonia alba: Reizbare Tiere; lassen sich nicht gut untersuchen; berührungsempfindlich; Entzündungen der serösen Häute, Bänder und Sehnen, Sehnenscheidenentzündungen; Verschlechterung durch Bewegung; heftiger Husten, Brustschmerzen.

Lycopodium: Typisches Altersmittel, Krankheiten entstehen langsam; rechtsseitiges Mittel; Appetitlosigkeit; typisches Lebermittel; besonders bei Erkrankungen der Schleimhäute der oberen Luftwege und des Darmes; Steifheit der Extremitäten.

Behandlung

Beim Vergleich der Arzneimittelbilder fielen Aconitum, Belladonna und Lycopodium weg. Keines dieser Mittel passte zum Charakter des Tieres und zum Entzündungsverlauf. Bryonia passte dagegen hervorragend zum Charakter der Stute. Eine typische Modalität von Bryonia – nämlich die „Verschlechterung durch Bewegung" – war nicht zu beobachten. Da dieses Mittel aber gleichzeitig die Besserung durch Gehen hat, wurde trotzdem dieses Mittel gewählt. Es wurden einmalig fünf Tabletten Bryonia C30 verabreicht.

Krankheitsverlauf

Die Entzündung klang innerhalb der nächsten drei Tage ohne Erstreaktion ab. Und die Stute konnte wieder normal gearbeitet werden.

Fall 17: Immunschwäche und Verhaltensstörung beim Pferd

Warmblut-Araber-Mix, Fuchswallach, 8 Jahre, normaler Futterzustand.

Spontanbericht

Vor drei Jahren aus schlechter Haltung erstanden; damals hatte er starke muskuläre Rückenproblematik; fünf Zähne (davon zwei Wolfszähne) mussten gezogen werden; Bronchitis. Heute hat er am rechten Sprunggelenk eine chronische Tendovaginitis mit Zottenbildung; chronische Knochenhautentzündung, Überbeinbildung und Verkalkung der Sehne; das Gelenk ist schulmedizinisch austherapiert und wurde auch klinisch homöopathisch (Arzneimittel konnten vom Besitzer nicht angegeben werden) behandelt; zurzeit lahmt das Pferd nicht; der Wallach leidet nach wie vor häufig unter Infektionen; jede Kleinigkeit verläuft schlimm; jede Verletzung gibt eine Phlegmone. Vor einem Jahr schwere Verstopfungskolik mit Darmverschlingung; die Ursache konnte nicht ermittelt werden; es war kein Darmgeräusch mehr feststellbar; wurde stationär über eine Woche in einer Tierklinik behandelt.

Anfangs sehr misstrauischer Wallach, sehr aggressiv; veränderte sich dann positiv: freundlich, kinderlieb; Clown; in der Herde normalerweise hochrangig, jetzt Rangniedrigster; wehrt sich im Moment nicht, wenn Artgenossen ihn drangsalieren, läuft auch nicht weg.

> **Praxistipp:** Zähne sind bei vielen Tieren Krankheitsherde und sollten unbedingt bei jedem Tier routinemäßig kontrolliert werden!

Informationen aus gelenktem Bericht und Untersuchung

Extremitäten: rechtes Sprunggelenk auf der Innenseite derb geschwollen; Flüssigkeit korrespondiert deutlich mit der Sehnenscheide; nur leichte Erwärmung; keine Lahmheit.
Charakter: extrem apathisches Tier; gleichgültig; wirkt hoffnungslos.

Auswertung der Symptome

Bei diesem Tier konnte man von Anfang an leider nur eine sehr schlechte Prognose stellen, da die massiven Gewebeveränderungen im Bereich des Sprunggelenkes nicht reversibel waren, sodass in diesem Bereich keine

Heilung möglich war. Insgesamt war das Tier in seiner Konstitution sowohl physisch als auch psychisch sehr stark beeinträchtigt. Eine Konstitutionsbehandlung kann zwar die beschriebenen Gewebeveränderungen nicht mehr beheben, aber dennoch den Gesamtzustand verbessern. Bei diesem Tier standen die zu diesem Zeitpunkt sehr starken psychischen Symptome im Vordergrund und wurden deshalb auch vorrangig zur Repertorisation herangezogen. Hat man deutliche psychische Symptome, sind diese sehr stark weisend für ein Arzneimittel. Zusätzlich wurden nur die „Eckpfeiler" der Krankengeschichte mit hineingenommen.

Repertorisation nach Bönninghausen

nat m	puls	sep	sulf	
5	5	4	5	Allgemeine Angegriffenheit
4	5	5	4	Gleichgültigkeit
4	4	3	4	Hoffnungslosigkeit
4	5	5	4	Zahnschmerzen allgemein
5	4	4	4	Verstopfung wegen Untätigkeit der Därme
5	5	5	5	Rücken im Allgemeinen
5	3	5	5	Fußgelenk
32	**31**	**31**	**31**	**Summe**

Natrium muriaticum: Folge von psychischen Traumata; „Erstarren zur Salzsäule"; Mangel an Selbstvertrauen; Übellaunigkeit, Reizbarkeit; Periodizität der Symptome; Hauterkrankungen, trockene Schleimhäute.
Pulsatilla: Typisches Mittel für weibliche Tiere, besonders bei Scheinträchtigkeit; lässt sich gerne und leicht trösten; allgemeine Störungen des Hormonsystems; Schnupfen und Husten; wenn Sekrete mild, grün-gelb, dicklich; Verdauungsbeschwerden; rheumatische Beschwerden.
Sepia: Hormonelles Mittel! Ungleichgewicht zwischen männlichen und weiblichen Hormonen; Scheinträchtigkeit; Haut: trocken, kleine braune Schuppen, fleckförmiger Fellausfall am ganzen Körper; braune / gelbe Flecken der Haut.

Sulfur: Typisches **Ausleitungsmittel** nach Krankheiten oder schulmedizinischer Therapie; Folge von **Unterdrückung**; wichtiges Mittel bei Hautausschlägen, meist mit Trockenheit und Juckreiz; Atemwegssymptome, Asthma; Dyspepsie; **abwechselnd** Diarrhoe und Obstipation; Hepatomegalie, Lebererkrankungen; Ikterus; Tier riecht unangenehm.

Behandlung

Pulsatilla und Sepia konnten direkt verworfen werden. Die Entscheidung war zwischen Sulfur und Natrium muriaticum zu treffen. Beide Mittel deckten die körperlichen Symptome nicht komplett ab. Aufgrund der psychischen Symptome fiel die Entscheidung dann zugunsten von Natrium muriaticum. Der Wallach erhielt einmalig fünf Tabletten Natrium muriaticum C1000. Diese sehr hohe Potenz wurde gewählt, da die Symptome schon lange bestanden und auch die Psyche stark betroffen war.

Krankheitsverlauf

Die Erstreaktion verlief hier auf der rein psychischen Ebene. Innerhalb der nächsten drei Wochen sprang der Wallach zweimal aus dem Paddock, wenn er von Artgenossen drangsaliert wurde. Die psychische Erstarrung war also beseitigt worden, was sich in sehr extremen Reaktionen äußerte. Innerhalb der nächsten drei Monate erlangte das Tier wieder seinen alten Rang in der Herde und zeigte ein normales psychisches Verhalten. 1,5 Jahre später musste das Pferd infolge der sich wieder verschlimmernden Beinproblematik euthanasiert werden. Eine Weiterbehandlung wurde vom Besitzer nicht gewünscht. Bis zu diesem Zeitpunkt hatte der Wallach keine Erkrankungen mehr und zeigte ein normales Verhalten.

Fall 18: Madenwurmbefall beim Kaninchen

Graues Zwergkaninchen, weiblich, 6,5 Jahre, normaler Futterzustand.

Spontanbericht

Fliegenmadenbefall, extrem apathisch.

Informationen aus gelenktem Bericht und Untersuchung

Augen / Nase: Absonderung seröser Flüssigkeit.
Sonstiges: After und hinterer Teil Abdomen stark verklebt mit Kot, starker
Fliegenmadenbefall, Blutblasen bis 2 cm im Durchmesser, Haut zyanotisch.

Auswertung der Symptome

Ein Fliegenmadenbefall ist immer als Folge eines geschwächten Immunsystems zu sehen. In diesem Fall wahrscheinlich durch einen schon chronischen Kaninchenschnupfen. Die Haut war im Abdomenbereich überwiegend
zyanotisch, verstärkt im Bereich der Blutblasen. Es bestand eine hohe Sepsisgefahr. Eine empfohlene Konsultation des Tierarztes wurde vom Besitzer
abgelehnt.

Repertorisation nach Bönninghausen

ars	lach	sulf	
5	4	4	Wässrige Nasenabsonderung
3	2	4	Bauch, äußerlich
4	4		Blasiger, blauer Ausschlag
4		3	Blasiger, blutgefüllter Ausschlag
	4	4	Blut-Unterlaufung
4	2	4	Entzündung
4	5	2	Farbe der Haut, bläulich
24	**21**	**21**	**Summe**

Arsenicum album: Endmittel und Rekonvaleszenzmittel. Es wird nicht am Anfang einer Erkrankung eingesetzt. Leitsymptome sind: **Angst** und **Ruhelosigkeit**, Angstanfälle, nachts; plötzliche große Schwäche; Tiere verstecken sich gern; Putzzwang der Katzen.

Lachesis: Temperamentvolle, lebhafte Tiere; auffallend ist die oft extrem starke Eifersucht, der Besitzer möchte mit niemandem geteilt werden. Tiere möchten nicht am Hals angefasst werden (Leitsymptom)! Linksseitiges Mittel. Typisches Entzündungsmittel mit bläulicher Verfärbung der betroffenen Stellen; wichtiges Mittel bei bestehender Sepsis; kleine Wunden bluten stark; Durchfallerkrankungen spritzend, gussartig; verschiedenartige Beschwerden begleitend zum Durchfall.

Sulfur: Typisches **Ausleitungsmittel** nach Krankheiten oder schulmedizinischer Therapie; Folge von **Unterdrückung**; wichtiges Mittel bei Hautausschlägen, meist mit Trockenheit und Juckreiz; Atemwegssymptome, Asthma; Dyspepsie; **abwechselnd** Diarrhö und Obstipation; Hepatomegalie, Lebererkrankungen; Ikterus; Tier riecht unangenehm.

Behandlung

Da Lachesis das einzige typische Mittel bei schweren Entzündungen mit Sepsisgefahr ist, bekam das Tier 0,5 ml Lachesis C30 subkutan gespritzt. Das Kaninchen wurde außerdem in einem Rivanol-Bad gesäubert und von sämtlichen Maden befreit. Die offenen Stellen wurden mit einer Polyvidon-Jod-Lösung desinfiziert.

> **Praxistipp:** Wenn Kleintiere vorübergehend möglichst hygienisch im Käfig gehalten werden müssen, wird die Einstreu durch eine dicke Lage Zeitungspapier ersetzt und mit einem sauberen Leintuch abgedeckt. Der Käfig muss jeden Tag mindestens einmal sauber gemacht werden!

Krankheitsverlauf

Am nächsten Tag bekam das Tier starken Durchfall und verweigerte jede Futter- und Wasseraufnahme. Einen Tag später war der Durchfall abgeklungen, das Kaninchen trank und nahm etwas Futter auf. Am dritten Tag begannen die Blutblasen einzutrocknen. An den weniger stark betroffenen Hautstellen war der bläuliche Ton verschwunden und gesunde rosa Haut zu sehen. Die Wunden verheilten folgenlos. Das Immunsystem wurde zusätzlich mit Engystol ad us vet. stabilisiert.

Fall 19: Hauterkrankung beim Hund

Bobtail, männlich, 12 Jahre, normaler Futterzustand.

Spontanbericht

Zahnprobleme durch viel Zahnstein, bis vor zwei Jahren einmal pro Jahr Zahnsteinentfernung unter Narkose nötig, seit zwei Jahren keine Narkose mehr möglich – wacht aus Narkose nicht mehr auf; Lipome am Körper seit Welpenalter (auch jährliche Entfernung unter Narkose mit Zahnstein zusammen) ; trinkt seit einem Jahr mehr; evtl. Krebserkrankung an Pfote; Einbruch LWS 3 + 4 mit zwei Jahren; hechelt viel; vereinzeltes Bellen ohne Grund. Seit zwei Jahren abwechselndes Hinken, Lipome, Parodontitis, kalte Pfoten, Fieberschübe (39,8 °C), seit fast einem Jahr kontinuierliche Antibiotikagabe; frisst Erde.

> **Praxistipp:** Eine vermehrte Zahnsteinbildung ist nicht normal und wird normalerweise in der Repertorisation berücksichtigt. Außerdem kann diese hinweisend auf innere Erkrankungen sein.

Informationen aus gelenktem Bericht und Untersuchung

Kopf / Rumpf / Gliedmaßen allgemein: rechter Hinterlauf gelähmt (ab zweitem Lebensjahr), Muskelatrophie.

Augen: gelb-eitriger Ausfluss beidseits, Konjunktivitis, Katarakt.

Nase: gelegentlich Ausfluss von Schleim und hellrotem Blut.

Maul: Gingivitis, Stomatitis, Parodontitis, Glossitis.

Haut: Abdomen, linkes Hinterbein und rechte Pfote: rote Macula und Pickel; Pickel verändern sich teilweise zu Ulzera.

Extremitäten / Gelenke: Arthrose in beiden Ellbogen und linker Hüfte; Lymphödem rechtes Hinterbein.

Fuß / Pfote / Kralle: Tumor rechte Pfote.

Atemwege: asthmatisch, Giemen.

Herz: Arrhythmie, paukender Herzton.

Blutuntersuchung: leichte Erhöhung von anorganischem Phosphat, Kalium, Leukozyten, Segmentkernigen, leichte Erniedrigung der Lymphozyten; Hypochromasie und Anisozytose positiv; Thrombozyten unterer Grenzwert.

Vorbehandlung / Begleitmedikation: Clindamycin seit 11 Monaten, Prednisolon seit zwei Monaten.

Schlafverhalten: Morgenmuffel.

Absatz von Kot: jetzt weich (wahrscheinlich durch Antibiotika).

Charakter: gutmütig; ruhig; aggressionslos; schmust gerne; mag Gesell-schaft; psychisch robust; souveräner Hund.

Sucht das Tier Kälte? Ja, aber nicht nass-kalt.

Auswertung der Symptome

Nach der Anamnese war abzuklären, ob eine Niereninsuffizienz und / oder ein Diabetes mellitus vorliegen. Ein diagnostischer Hinweis ist immer die Polydipsie. Das Blutbild zeigte aber keinerlei Veränderungen in diesem Be-reich. Nur das Differentialblutbild zeigte unspezifische Veränderungen, die auf ein tumoröses Geschehen hinweisen können. Eine weitere Abklärung in diesem Bereich wurde aufgrund des Alters des Tieres vom Besitzer nicht ge-wünscht. Es sollte vor allem eine Verbesserung des Hautzustandes erreicht werden, der sich trotz Medikamentengaben immer weiter verschlechterte. Zusätzlich wurde zur phytotherapeutischen Behandlung des Herzens eine schulmedizinische Behandlung empfohlen. Diese erfolgte durch den Tier-arzt mit Propentofyllin. Zur Repertorisation wurden sämtliche Veränderun-gen an der Haut hinzugezogen. Achtung: Dazu gehören auch die Schleim-häute von Mund, Nase, Augen etc.

Repertorisation nach Bönninghausen

ars	bell	merc	rhus t	sulf	
5	4	4	4	4	Schleim Nase
2	5	3	4	2	Nasenbluten mit blassem (hell-rotem) Blut
5	4	5	4	5	Durst
3	4	5	4	4	Bauch
5	5	5	3	4	Mundhöhle
5	5	5	4	5	Zunge
3	4	4	4	4	Unterschenkel
4	5	5	4	4	Fuß

ars	bell	merc	rhus t	sulf	
4	5	3	4	3	Abschuppung
4	4	3	4	3	Haut aufgedunsen
5	3	4	5	5	Ausschlag im Allgemeinen
5	4	4	4	5	Ausschlag, Blüten überhaupt
0	0	3	5	0	Ausschlag, rosenrote Knoten
4	4	4	5	5	Ausschlag, Pusteln
54	**56**	**57**	**58**	**53**	**Summe**

Hier zeigt sich ein sehr typisches Bild bei der Repertorisation in der Tierheil-kunde: Mehrere Arzneimittel können nach der Auswertung sehr eng bei-einander liegen. Wichtig ist, dass man nicht davon ausgeht, dass unbedingt das Mittel mit der höchsten Wertigkeit auch das richtige sein muss. Dies liegt daran, dass Modalitäten beim Tier meist nur schwer zu erhalten sind. Deswegen sollten die Arzneimittelbilder immer – sofern man sie nicht sehr genau aus dem Gedächtnis abrufen kann – nachgelesen werden.

Belladonna: Unruhige Tiere, die plötzlich auffahren, auch aus dem Schlaf; absondern, um Ruhe zu haben; Fieberdelirien. Typisch für akute, sich rasch entwickelnde Krankheitszustände. Besonders ausgeprägt finden sich hier die Entzündungszeichen: starke Hitze, **Rötung** und Schmerzen.
Mercurius solubilis: Hektische Tiere; Entzündungsmittel, besonders typisch für Drüsen; Geschwüre; starke Eiterbildung; blutig-schleimige Stühle mit Tenesmen; rheumatische Beschwerden; Ausschläge meist nässend, wund-scheuern.
Rhus toxicodendron: Beschwerden werden durch Nässe, Kälte oder Luft-zug verursacht; Beschwerden schlimmer in Ruhe und bei Kälte, besser durch Bewegung und Wärme; Beschwerden des gesamten Bewegungs-apparates; Lähmungszustände durch Verkühlung; starker Durst durch Trockenheitsgefühl im Maul; Entzündungen in der Mundhöhle; Entzün-dungen der Haut mit dunkler Röte und Ödembildung.

Behandlung

Bei diesem Tier war aufgrund des massiven Krankheitsbildes davon auszugehen, dass die Regulationsmechanismen schon weitgehend gestört waren. Die Herzinsuffizienz war so weit fortgeschritten, dass hier eine rein homöopathische Behandlung nicht mehr sinnvoll erschien. Der Hund wurde deshalb phytotherapeutisch mit Crataegus ad us vet. (DHU) 3 × täglich 20 Tropfen behandelt. Beim Nachlesen der Arzneimittelbilder kristallisierte sich eindeutig Rhus toxicodendron heraus. Auch die frühen Knochenveränderungen der Lendenwirbelsäule passten gut in dieses Arzneimittelbild und bestätigten es als Konstitutionsmittel, obwohl nur die Hautsymptome zur Repertorisation verwendet wurden. Der Hund hatte sehr früh in seinem Leben eine starke konstitutionelle Schwäche entwickelt, die sich im Laufe der Jahre immer mehr verstärkt hatte. Da das Tier unter Medikamenten stand, wurde eine relativ niedrige Potenz mit hoher Dosierung und häufiger Gabe gewählt. Der Rüde erhielt 5 × täglich fünf Globuli Rhus toxicodendron C12.

Praxistipp: Arzneimittel, die Herzglykoside enthalten, wirken als Urtinktur oder in niedrigen D-Potenzen besser!

Krankheitsverlauf

Der Bobtail stabilisierte sich deutlich unter der Behandlung, sodass das Kortison ausgeschlichen werden konnte. Die Hautsymptomatik stagnierte nicht nur, sondern verbesserte sich sogar wieder. Unter den gegebenen Umständen (wahrscheinlich kanzeröses Geschehen im Hintergrund) war das Ergebnis sehr zufriedenstellend.

Fall 20: Arthrose und Herzinsuffizienz beim Hund

Brauner Labrador-Mix, männlich, kastriert, 10 Jahre, etwas adipös.

Spontanbericht

Schmerzen, wenn er längere Zeit gelegen / geschlafen hat; schuppiges Fell; blutiges Harnträufeln vor zwei Jahren, nach Kastration weg; sehr an Bezugsperson gebunden; starke Gewitterangst; lebhaftes Träumen. Sehr müde nach Spaziergängen; hechelt viel – besonders, wenn es heiß ist.

Informationen aus gelenktem Bericht und Untersuchung

Augen: Ausfluss von gelbem Schleim.
Fell: stumpf und schuppig.
Rücken: LWS schmerzempfindlich.
Extremitäten: Arthrose Ellbogengelenk.
Herz: sehr bradykard, starke Arrhythmie.
Lunge: o. B.
Vorbehandlung: bekam Carprofen – hat aber nicht angeschlagen.
Absatz von Urin: verhält Harn.
Charakter: sehr gehorsam, sehr besitzerbezogen.

Auswertung der Symptome

Bei diesem Tier lagen verschiedene Probleme vor. Einmal die doch schon recht ausgeprägte Herzsymptomatik (Auskultationsbefund und Klinik), die auf jeden Fall behandelt werden musste und die arthrotischen Veränderungen verschiedener Gelenke. Nach dem klinischen Bild lag zusätzlich eine Prostatahyperplasie (Harnträufeln, Harnverhalt) vor, die durch die Kastration abgemildert wurde.

Repertorisation nach Bönninghausen

lyc	phos	puls	rhus t	
	3	4		Tränenapparat
2		4		Prostata
4	5	5		Harn blutig

lyc	phos	puls	rhus t	
4	4	5	4	Herz und Herzgegend
4	4	5	5	Kreuz,-Lenden und Sacralgegend
4	4	4	5	Ellbogengelenk
	4	4	4	Abschuppung Haut
4	5	4	5	Lebhafte Träume
	3			Verschlimmerung bei Gewitter
4	4	4	3	Verschlimmerung nach Schlaf
26	36	39	26	**Summe**

Phosphorus: Das Tier ist extrem geräuschempfindlich, vor allem bei Gewitter, aber auch bei Schüssen oder Silvesterfeuerwerk; sehr intelligente Tiere, die schnell lernen und meistens sehr gehorsam sind; verschmust, liebesbedürftig; bei älteren männlichen Tieren häufig Prostataprobleme; Erkrankungen der *Medulla spinalis*; häufig Zittern der Flanken und der hinteren Extremitäten.

Pulsatilla: Typisches Mittel für weibliche Tiere, besonders bei Scheinträchtigkeit; lässt sich gerne und leicht trösten; allgemeine Störungen des Hormonsystems; Schnupfen und Husten; wenn Sekrete mild, grün-gelb, dicklich; Verdauungsbeschwerden; rheumatische Beschwerden.

Behandlung

Aufgrund der Charaktereigenschaften und des Geschlechts wurde Phosphor gewählt. Wie man sehen kann, liegt Rhus toxicodendron in der Wertigkeit weit hinter Phosphor, obwohl es ein typisches Arthrosemittel ist und man ohne Repertorisation vielleicht zu diesem Mittel gegriffen hätte.

Gewählt wurde hier eine Mischung aus phytotherapeutischer und klassisch homöopathischer Behandlung.

Der Hund bekam für sein Herz: Crataegus ad us vet (DHU): 3 × täglich 15 Tropfen und Scilla D4 dil. 3 × täglich zehn Tropfen. Scilla wurde wegen der ausgeprägten Arrhythmie und Bradykardie hinzugenommen. Als konstitutionelle Behandlung erhielt der Rüde 2 × täglich fünf Globuli Phosphorus C12. Alle drei Medikamente sind als Dauermedikation zu sehen, da der Hund unter altersbedingten Verschleißerscheinungen leidet, die nicht regenerierbar sind. Deswegen wurde auch eine niedrige Potenz gewählt, die jeden Tag verabreicht werden kann.

Krankheitsverlauf

Vier Wochen später bei einer Kontrolluntersuchung zeigte der Hund ein völlig verändertes Fell. Das Haarkleid glänzte, lag eng an und war deutlich weicher. Das Herz zeigte sich auskultatorisch deutlich verbessert. Das Hecheln war deutlich zurückgegangen, das Gangbild nach wie vor etwas steif, aber insgesamt verbessert. Der Hund war insgesamt wesentlich lebhafter und konnte auch laut Besitzer wieder länger spazieren gehen.

Der Gesundheitszustand des Hundes verbesserte sich im Laufe der nächsten Monate so weit, dass er selbst Treppen wieder ohne Problem bewältigen konnte. Bis zum heutigen Zeitpunkt blieb der Gesundheitszustand des Tieres in dieser Form erhalten.

Praxistipp: Herzpatienten sollten mindestens 2× jährlich kontrolliert werden, da sich die Symptomatik auch unter Behandlung meistens weiter verschlechtert. Eine Therapie unterstützt die Versorgung der Organe und bewirkt eine deutlich langsamere Verschlimmerung.

Fall 21: Toxoplasmose bei einer Katze

Katze A: schwarze Havanna, männlich, 3 Monate, starke Kachexie.
Katze B: Thaikatze, männlich, kastriert, 1,5 Jahre, leichte Kachexie.

Spontanbericht

Katze A mit sechs Wochen bekommen; von Anfang an krank; wurde auf Katzenschnupfen behandelt, Antibiotikatherapie über zwei Monate; Ausfluss aus Augen; Niesen; aufgeblähter Bauch; Durchfall; fällt beim Springen um; Medikamente gegen Durchfall; Futterumstellung; nachdem Katze A etwa zwei Monate krank war, erkrankte auch Katze B nach einer Impfung an denselben Symptomen und bekam zusätzlich noch einen blutig-wässrigen Durchfall; Katze B erhielt auch über eine Woche Antibiotika; bei beiden schäumt der Urin; die Tiere erhalten Astronautenkost; beide Tiere fressen sehr schlecht.

Informationen aus gelenktem Bericht und Untersuchung

Augen: beide Tiere haben serösen Ausfluss.
Nase: beide Tiere niesen gelegentlich und haben einen rötlichen Ausfluss aus der Nase.
Herz / Lunge: beide Tiere o. B.
Gastrointestinaltrakt: Katze A sehr aufgegast; Katze B o. B.; Katze A zeigt einen normalen festen Kotabsatz; Katze B eine dünnflüssige, teils blutige Diarrhö.
Sonstiges: Katze A zeigt eine starke Ataxie; der Allgemeinzustand war bei beiden Tieren stark reduziert; beide Tiere rochen unangenehm.

Auswertung der Symptome

Ein Katzenschnupfen war aufgrund der Symptomatik auszuschließen, sodass eine ausführliche Diagnostik durchgeführt wurde. Es wurde zunächst durch den Tierarzt ein Röntgenbild von Katze A erstellt. Das Röntgenbild zeigte eine Überladung des Magens, eine Hepatomegalie, ein Megakolon, eine Entzündung der Darmwände und ein Bild ähnlich einer schaumigen Vergärung im Darm. Aufgrund der schweren Organveränderungen im Röntgenbild und der starken zerebralen Symptome wurde das Tier daraufhin euthanasiert. Eine Verbesserung der Symptomatik war leider nicht mehr zu erwarten.

Katze B wurde Blut entnommen. Es wurde ein „Großer Check up" sowie ein Differentialblutbild erstellt und auf FeLV, FIV, FIP und Toxoplasmose getestet. Einige Werte konnten vom Labor infolge mangelnden Materials nicht bestimmt werden.

Das Blutbild zeigte folgende Veränderungen: Kalium leicht erhöht, Cholesterin leicht erhöht, Thrombozyten deutlich erniedrigt; Elektrophorese: 1-Globulin, 2-Globulin und -Globulin sowohl relativ als auch absolut leicht erniedrigt; Serologie: FeLV, FIV und FIP: negativ; Toxoplasmose: IgM positiv; IgG negativ.

Der Kater litt unter einer akuten Toxoplasmose. Die veränderten Werte der Diagnostik beruhten höchstwahrscheinlich auf der anhaltenden Diarrhö und dem Gewichtsverlust.

Die Toxoplasmose ist im Normalfall eine harmlose Erkrankung. Allerdings kann sie, wie im dargestellten Fall, unter ungünstigen Bedingungen auch sehr schwere Krankheitsbilder verursachen.

Praxistipp: Bei unklaren Erkrankungen sollte immer eine ausführliche Diagnostik durchgeführt werden!

Behandlung

Da sich bei der Repertorisation kein klares Bild ergab, das zu dem Tier gepasst hätte, entschied man sich zunächst für eine Stimulation des Immunsystems und eine Behandlung mit der entsprechenden Nosode. Der Kater bekam täglich abwechselnd 0,5 ml Engystol und 0,5 ml Coenzyme comp. in das Trinkwasser und jeden Tag zwei Globuli Toxoplasmose-Noplex.

Krankheitsverlauf

Innerhalb von zwei Wochen verbesserte sich der Gesamtzustand deutlich. Die Katze begann wieder normal zu fressen, sodass auf die Astronautennahrung verzichtet werden konnte. Der Kotabsatz verbesserte sich soweit, dass kein Blut mehr im Kot war und der Kot langsam fester wurde. Zwei Wochen später hatte das Tier insgesamt fast 1 kg zugenommen und war wieder lebhaft. Der Kotabsatz verschlechterte sich dann wieder. Das Tier zeigte eine Obstipation für zwei bis drei Tage, dann einen sehr festen Kotabgang, dann wieder Obstipation. Außerdem war ab und zu ein vergeblicher Stuhldrang zu beobachten. Es wurde daraufhin repertorisiert. Wichtig ist in diesem Fall, dass man nicht nur die akute Symptomatik wertet, sondern auch die vorher bestehende hinzunimmt.

Repertorisation nach Bönninghausen

merc	nux v	sulf	
2	4	4	Blutige Nasenabsonderung
4	5	5	Nießen
5	3	5	Durchfall
4	5	5	Verstopfung
4	4	5	Verstopfung wegen Kotverhärtung
5	5	5	Blutige Stuhlausleerung und Ruhr
5	5	5	Stuhlausleerung schleimig
5	5	5	Stuhldrang, vergeblich
			Schäumender Harn
34	**36**	**39**	**Summe**

Nux vomica: Das Tier ist überempfindlich. Beschwerden hervorgerufen durch Stress, Nahrungsmittelvergiftung, zu viel Fressen, falsches Fressen; Tiere sind reizbar; **Verdauungsstörungen**, Blähungen mit lautem Bauchknurren, Übelkeit, Erbrechen, Durchfall; besser nach Futteraufnahme.
Sulfur: Typisches Ausleitungsmittel nach Krankheiten oder schulmedizinischer Therapie; Folge von Unterdrückung; wichtiges Mittel bei Hautausschlägen, meist mit Trockenheit und Juckreiz; Atemwegssymptome, Asthma; Dyspepsie; abwechselnd Diarrhö und Obstipation; Hepatomegalie, Lebererkrankungen; Ikterus; Tier riecht unangenehm.

Behandlung
Das Tier bekam einmalig drei Globuli Sulfur C200.

Krankheitsverlauf
Die Katze B reagierte sehr stark auf die Gabe. Der Kater zeigte eine starke Erstreaktion, die sich in einer Obstipation über fünf Tage äußerte. Danach war der Kot extrem fest und gelb verfärbt. Innerhalb von zwei Wochen normalisierte sich dann aber der Kotabsatz und das Tier zeigte keine Obstipation mehr.

Fall 22: Leberzirrhose beim Hund

Brauner Beagle, weiblich, kastriert, 5 Jahre, normaler Futterzustand.

Spontanbericht

Magenprobleme seit Welpenalter; seit einem Jahr Absatz von weichem Kot, erbricht Schleim, auch Schleim im Kot (unter Antibiotikagabe alles besser, danach wieder schlechter); Magenspiegelung: *Helicobacter pylori* – schulmedizinische Therapie, danach besser, aber nicht ganz in Ordnung; seit einigen Wochen verstärkt sich Problematik wieder: morgens zwischen fünf und sechs laute Magengeräusche, wenn dann nicht gefüttert wird, muss Lena erbrechen; sehr schmerzempfindlich am Bauch; Leberwerte waren erhöht und wurden behandelt – dann wieder besser; bekommt Medikamente für Herz bzw. Lunge. Sie braucht spätestens alle fünf bis sechs Stunden Futter, sonst Erbrechen; sehr nervös und ängstlich; Angst bei Gewitter, Schüssen; starke Blähungen, die nach Gülle stinken; Erbrechen beim Auto fahren. Normalerweise geht es ihr nach dem Erbrechen besser; voller Power, sehr verspielt, übernimmt sich dabei körperlich; wenn sehr starke Magen-Darm-Probleme, bekommt sie rote Flecken am Unterbauch und Innenschenkel; Lymphdrüsen am Ohr sind dick.

Informationen aus gelenktem Bericht und Untersuchung

Operationen: Kastration, Entfernung Wolfskrallen, Entfernung Furunkel am rechten Bauch.
Augen: Bläschen hinter Nickhaut: werden drei- bis viermal jährlich ausgekratzt.
Ohren: Bildung von viel Ohrschmalz.
Schilddrüse: Hypothyreose.
Herz: etwas bradykard.
Gastrointestinaltrakt: Hund ist extrem aufgegast, sehr schmerzempfindlich.
Urogenitaltrakt: viel Calciumoxalat im Urin; Harnblasenentzündung in der Vergangenheit.
Blutbild: Erhöhung anorganisches Phosphat, leichte Erhöhung Lymphozyten.
Röntgenbild: Vena cava leicht gestaut; Lunge vermehrt interstitiell gezeichnet.
Herzultraschall: geringgradige Mitralklappeninsuffizienz.

Begleitmedikation: L-Thyroxin, Theophyllin.

Fressverhalten: extrem langsam ohne Appetit; frisst alles gern, was stark riecht, teilweise extrem starkes Saufen.

Schlafverhalten: unruhig, wechselt häufig den Platz.

Charakter: schreckhaft, ängstlich, Angstbeißer, hysterisch, anhänglich, braucht Nähe.

Auswertung der Symptome

Bei diesem Tier war vor allem die Hauptsymptomatik zu beachten, die sich vorwiegend im Magen-Darmbereich und nach Erachten der Autorin in der Leber (gestaute Vena cava; Erhöhung anorganisches Phosphat) abspielte. Die starke Symptomatik war eigentlich zu diesem Zeitpunkt nicht zu erklären. Bei so ausgeprägter Symptomatik genügt es normalerweise, diese in das Repertorium umzusetzen.

Repertorisation nach Bönninghausen

nux v	phos	puls	
4	5	5	Angst
5	4	4	Appetitlosigkeit
4	4	3	Durst
5	3	5	Schleimiges Erbrechen
4	4	4	Übelkeit im Magen
5	5	5	Magen
4	4	3	Leber und Lebergegend
4	2	5	Blähungen stinkend
5	5	5	Blähungs-Getöse (Bauchknurren)
5	5	5	Stuhlausleerung schleimig
3		3	Besserung nach Erbrechen
48	**41**	**47**	**Summe**

Nux vomica: Das Tier ist überempfindlich. Beschwerden hervorgerufen durch Stress; Nahrungsmittelvergiftung; zu viel Fressen; falsches Fressen; Tiere sind reizbar; Verdauungsstörungen; Blähungen mit lautem Bauchknurren; Übelkeit; Erbrechen; Durchfall; besser nach Futteraufnahme.

Pulsatilla: Typisches Mittel für weibliche Tiere, besonders bei Scheinträchtigkeit; lässt sich gerne und leicht trösten; allgemeine Störungen des Hormonsystems; Schnupfen und Husten; wenn Sekrete mild, grün-gelb, dicklich; Verdauungsbeschwerden; rheumatische Beschwerden.

Behandlung

Hier war nur zwischen Pulsatilla und Nux vomica zu entscheiden. Beim Vergleich der Arzneimittelbilder kristallisiert sich eindeutig Nux vomica heraus. Aufgrund der sehr langen Vorgeschichte entschied man sich für den Einsatz der Q-Potenzen nach Korsakoff. Wegen der starken Symptomatik erhielt die Hündin die Gaben aus dem ersten Glas.

Krankheitsverlauf

Direkt nach der ersten Gabe verbesserte sich der Appetit der Hündin deutlich. Innerhalb von drei Wochen hielt sie nachts immer länger ohne Fütterung durch. Der Kotabsatz normalisierte sich. Nach drei Monaten trat eine Verschlechterung ein, sodass die Hündin wieder nachts gefüttert werden musste. Da nicht sicher war, ob es sich schon um eine Spätverschlechterung handelte, wurde das Mittel abgesetzt. Daraufhin verschlechterte sich der Zustand noch einmal drastisch und erreichte fast Ausgangsniveau.

Solche massiven Verschlechterungen mit gleicher Symptomatik sind immer abklärungsbedürftig, da sie im Normalfall unter richtiger homöopathischer Behandlung nicht vorkommen. Es wurde erneut eine Endoskopie und ein Ultraschall vorgenommen. Dabei wurden ein stark erhöhter Säurespiegel, der aufgrund der Symptomatik zu erwarten war, festgestellt sowie eine leichte Leberzirrhose. Der Hund erhielt vom Tierarzt zusätzlich Ranitidin, die homöopathische Behandlung wurde auf zwei Gaben täglich erhöht.

Die Symptome des Tieres verbesserten sich wieder. Nach zwei Monaten verschlechterten sich die Symptome wieder, wobei vom Besitzer aber ein direkter Zusammenhang mit der Mittelgabe beobachtet wurde. Die Dosierung wurde daraufhin auf einmal täglich reduziert.

Nach insgesamt einem dreiviertel Jahr Behandlung wurde die Mittelgabe aus dem dritten Glas alle zwei bis drei Tage durchgeführt. Ein erneutes Blutbild zeigte folgende Veränderungen:

AST (GOT) leicht erhöht, Kreatinkinase erhöht, Kreatinin erhöht, anorganisches Phosphat erhöht, Kalium und Natrium erhöht, Eisen stark erniedrigt, Hämatokrit und Monozyten leicht erhöht, T4 und TSH unter Behandlung im Normbreich

Das Ranitidin erniedrigt, wie auch schulmedizinisch gewünscht, den Säurespiegel. Dadurch kann aber auch die Eisenaufnahme reduziert werden. Die anderen veränderten Werte waren teilweise schwierig nachzuvollziehen, da der Beagle unter schulmedizinischer Therapie stand und unter einer Hypothyreose leidet. Die Kreatinkinase erhöht sich zum Beispiel unter Schilddrüsenerkrankungen, aber auch typischerweise bei Herz- und Gefäßerkrankungen.

Die Hündin erhielt ein eisenreiches Futter und das Ranitidin wurde langsam ausgeschlichen. Eine erneute Verschlechterung ihrer Beschwerden trat nicht ein. Zwei Monate später konnte auch das Theophyllin abgesetzt werden. Das Tier erhielt nach mittlerweile einem Jahr konsequenter Behandlung Q31 aus dem dritten Glas alle zwei bis drei Tage eine Gabe. Die schulmedizinische Behandlung konnte bis auf den Ersatz des Schilddrüsenhormons, das selbstverständlich bis zum Lebensende gegeben werden muss, eingestellt werden. Die Hündin schläft bis morgens zwischen sechs und sieben in Ruhe durch. Der Kotabsatz ist normal, die Hündin erbricht seit mehreren Monaten nicht mehr. Ob die naturheilkundliche Behandlung eingestellt werden kann, ist fraglich, da hier ein chronisch destruktives Geschehen (Leberzirrhose) vorliegt, das nicht mehr ausgeheilt werden kann.

Fall 23: Autoimmunerkrankung beim Hund

Kurzhaariger Deutscher Schäferhund, männlich, 1,5 Jahre, normaler Futterzustand.

Spontanbericht

Seit ein Jahr alt: entzündliche Veränderungen an Lefzen und Zahnfleisch; Entzündungen außen an den Lefzen; verträgt Kortison nicht gut: macht ihn müde, möchte nicht raus, auffallend ruhig bis apathisch für sein Alter; ab und zu blaue Zungenmitte, wird gegen Abend unruhig; in Behandlung wegen Epidermolysis bullosa acquisata (Prednisolon, Azathioprin).

Informationen aus gelenktem Bericht und Untersuchung

Vorherige Erkrankungen: Ekzem durch Eiweißüberschuss am Rutenansatz, mehrmalige Entzündung im Ellbogen.
Augen: leichte Konjunktivitis.
Maul: Gingivitis, Stomatitis.
Fell: stumpf, ab Lende struppig-wellig.
Haut: schuppig.
Gastrointestinaltrakt: Infekt als Welpe.
Urogenitaltrakt: Balanitis.
Blutuntersuchung: leichte Erhöhung von Leukozyten, Segmentkernigen, Monozyten und basophilen Granulozyten; leichte Erniedrigung von Hämatokrit und Hämoglobin.
Vorbehandlung / Begleitmedikation: s.o., kortisonhaltige Salbe.
Charakter: mag keinen Körperkontakt.
Sonstiges: auffallend apathisch für einen jungen Schäferhund.

Auswertung der Symptome

Die naturheilkundliche Anamnese ergab bis auf die entzündlichen Veränderungen im Maulbereich nicht viel. Am auffallendsten waren aber nicht diese Symptome – sie wurden erfolgreich durch die schulmedizinische Behandlung abgemildert – sondern das extrem apathische Verhalten des Tieres. Dabei war nicht klar, ob Nebenwirkungen der Medikamente, die Erkrankung selbst oder ein anderer Grund vorlagen. Zu diesem Zeitpunkt wurde keine Repertorisation durchgeführt, da zu wenig eindeutige Symptome vorlagen.

1. Behandlung

Man entschied sich zunächst für eine allgemeine Anregung des Zellstoffwechsels und einen mehr spezifischen Anstoß des Hautstoffwechsels unter der weitergeführten schulmedizinischen Therapie. Behandelt wurde über drei Wochen mit einer Tablette täglich Sulfur D30 und 3 × wöchentlich eine Spritze Cutis comp. Auf die besonders betroffenen äußeren Hautstellen wurde zur weiteren Symptomlinderung Mucokehl D3-Salbe aufgetragen.

> **Praxistipp:** In vielen Fällen kann Mucokehl D3-Salbe kortisonhaltige Salben ersetzen!

Krankheitsverlauf

Auf das Sulfur trat eine leichte Erstreaktion ein, die sich in einer leichten Diarrhö über zwei Tage äußerte. Nach drei Wochen hatte sich das Fell sichtlich geglättet und bekam Glanz, die Haut schuppte nicht mehr. Die kortisonhaltige Salbe konnte vollständig durch Mucokehl-Salbe ersetzt werden. Die Entzündungen im Maulbereich veränderten sich nicht, der Gesamtzustand war schlechter.

2. Behandlung

Nachdem die Behandlung mit Sulfur und Cutis comp. beendet war und sich der Gesamtzustand trotzdem weiter verschlechtert hatte, wurde klinisch homöopathisch weiterbehandelt. Die Auswahl der Mittel beruhte auf der sehr starken Maulsymptomatik und der schlechten Wundheilung. Der Hund bekam Borax D6 und Calendula D12 alle zwei Stunden 3 Globuli.

Krankheitsverlauf

Nach drei Tagen bekam der Hund Fieber (39,8 °C). Ein weiteres Blutbild ergab massiv erhöhte Leberwerte. Nach Rücksprache mit dem behandelnden Tierarzt wurde 3 × wöchentlich eine Mischinjektion mit Hepar comp., Ubichinon comp. und Coenzyme comp. verabreicht. Die Leberwerte sanken deutlich ab, erreichten aber nicht wieder Normalniveau. In dieser Zeit wurde die Gabe von Borax und Calendula ausgesetzt.

Drei Wochen später zeigte der Schäferhund erneut ein akutes Geschehen: Es wurde eine akute Arthritis im linken Ellbogen festgestellt. Das Gelenk war stark geschwollen und heiß. Es wurde ein Angussverband gemacht und eine Mischinjektion aus Apis mellifica C200 und Arnica C200 gespritzt, um einen möglichst schnellen Wirkeintritt zu erreichen. Auch diese Mittel wurden nach Gesichtspunkten der klinischen Homöopathie gewählt. Abends war die Schwellung bereits abgeklungen und das Tier am nächsten Tag symptomfrei.

Der Gesamtzustand des Tieres verschlechterte sich in dieser Zeit trotz schulmedizinischer und naturheilkundlicher Behandlung immer mehr. Zusätzlich traten neue Symptome auf: An beiden Ellbogen (Liegestellen) trat nun auch eine massive Epidermolyse in Form von offenen wunden Stellen, die extrem verkrusteten, auf. Außerdem zeigten sich Entzündungen am Skrotum. Eine nun erfolgte Repertorisation ergab nachfolgendes Bild.

Repertorisation nach Bönninghausen

bell	graph	petr	puls	rhus t	
5	3	3	4	3	Mundhöhle überhaupt
2	4	5	5	4	Hodensack
4	3	4	4	5	Ellbogen
5	2		4	4	Haut, Schuppen
2	5	5	4	2	Wundliegen
	2	3	5	4	Schorf
3	3	4	4		Entzündlichkeit
5	5	3	4	5	Farbe rot
26	**27**	**27**	**34**	**27**	**Summe**

Pulsatilla hatte zwar die höchste Wertigkeit, wurde aber aufgrund seines Arzneimittelbildes – insbesondere der Verhaltenssymptome (ängstliche, gutmütige, sehr sanfte Tiere) und seinem eher typischen Bezug zum weiblichen Geschlecht – direkt verworfen. Belladonna hätte auch deutlich andere, vor allem eindeutige Gemütssymptome erzeugen müssen und wurde daher auch direkt verworfen. Graphites, Petroleum und Rhus toxicodendron wurden direkt verglichen.

Graphites: Ängstliche, traurige und furchtsame Tiere; Hauterkrankungen, sehr ungesunde Haut, Haut trocken und rissig, empfindlich an Reibestellen (Liegestellen, Haut-Schleimhautübergänge).

Petroleum: Nervöse, aufbrausende Tiere; Wunden neigen zur Nekrose und heilen schlecht; chronische Ekzeme; chronischer Durchfall; Neigung zur Geschwürbildung; Haut springt leicht auf; Rhagaden.

Rhus toxicodendron: Beschwerden werden durch Nässe, Kälte oder Luftzug verursacht; Beschwerden schlimmer in Ruhe und bei Kälte, besser durch Bewegung und Wärme; Beschwerden des gesamten Bewegungsapparates; Lähmungszustände durch Verkühlung; starker Durst durch Trockenheitsgefühl im Maul; Entzündungen in der Mundhöhle; Entzündungen der Haut mit dunkler Röte und Ödembildung.

Behandlung

Die Empfindlichkeit der Haut an allen Stellen, an denen in irgendeiner Form Reibung auftrat (Liegestellen, Hoden) und die Apathie des Tieres gaben letztendlich den Ausschlag für Graphites. Ohne Beachtung des Gemützustandes wäre eine Unterscheidung aufgrund der körperlichen Symptome zwischen Graphites und Petroleum hier sehr schwierig gewesen. Es wurde Graphites Q1 nach Korsakoff aus dem 1. Glas 1 × täglich zehn Schüttelschläge verabreicht. Jeweils nach zehn Tagen wurde in die nächsthöhere Potenz gewechselt. Da hier auf jeden Fall eine konstitutionelle Behandlung notwendig war, das Tier aber weiter schulmedizinisch behandelt werden musste, wurden hier Q-Potenzen verwendet. Selbst eine Kortisongabe stört nach Erfahrungen der Autorin nicht unbedingt! Alle anderen homöopathischen Medikamente wurden abgesetzt. Nur die Mucokehl-Salbe wurde weiter zur Symptomlinderung verwendet.

Krankheitsverlauf

Nach vier Tagen wurde der Hund erneut akut krank: Er bekam eine breiigwässrige Diarrhö und zeigte eine deutliche Schwäche. Es wurde nach klinischer Indikation aufgrund des starken Aufgasens, Kreislaufschwäche und der Durchfallsymptome der Potenzakkord Carbo vegetabilis injeel gespritzt. Auch in diesem Fall wurde gespritzt, um einen möglichst schnellen Wirkeintritt zu erreichen. Zum Potenzakkord wurde gegriffen, um eine mögliche Erstverschlimmerung auszuschließen, die das Tier eventuell nicht mehr überlebt hätte. Daraufhin trat zunächst eine Besserung ein.

Nach drei Tagen bekam er einen Rückfall. Es zeigte sich erneut eine wässrige Diarrhö, diesmal zusätzlich mit hellroten Blutbeimengungen und starken Krämpfen des Tieres. Der Allgemeinzustand war zu diesem Zeitpunkt extrem stark reduziert. Eine Konsultation des Tierarztes wurde angeraten, der das Tier in eine Klinik weiterverwies. Ein erneutes Blutbild ergab wieder erhöhte Leberwerte und eine Insuffizienz des exokrinen Pankreas. Ein Röntgenbild zeigte einen Holzspatel im Magen des Tieres. Dieser wurde entfernt. Dabei wurden zusätzlich ein *Helicobacter*-Befall und eine chronische Duodenitis festgestellt. Das Tier wurde aufgrund dieser Befunde 14 Tage schulmedizinisch mit Metronidazol, Ranitidin und MCP behandelt. Anfangs erfolgte auch noch eine Gabe der exokrinen Pankreasenzyme.

Nach Ablauf von zwei Wochen wurde das Tier erneut vorgestellt. In der Zwischenzeit hatte der Besitzer das Azathioprin abgesetzt und angefangen, das Kortison unter tierärztlicher Anleitung auszuschleichen. Die Behandlung mit den aufsteigenden Q-Potenzen war die ganze Zeit hindurch fortgesetzt worden. Zu diesem Zeitpunkt zeigte der Hund das erste Mal einen deutlich verbesserten Gesamtzustand. Die Hautsymptomatik war aber weiter sehr stark und besonders im Ellbogenliegebereich war die Haut großflächig offen. Das Maul war nach wie vor deutlich entzündet. Zur Unterstützung der Leber wurde zunächst 2 × wöchentlich Hepar comp. gespritzt. Drei Wochen später ergab eine erneute Blutuntersuchung eine völlige Normalisierung der Leberwerte und eine Anämie (wahrscheinlich als Folge der starken Diarrhö). Es wurde über sechs Wochen zusätzlich mit Ferrosal behandelt, um die Eisenaufnahme zu steigern. Das Blutbild normalisierte sich daraufhin vollständig. Es war trotz Absetzen des Kortisons ein Fortschreiten der Heilung zu beobachten. Es kam zu keiner Verschlechterung des Krankheitsbildes mehr. Nach drei Monaten waren alle offenen Stellen zu und die Entzündungen im Maulbereich überwiegend abgeklungen. Die Behandlung wurde konsequent fortgeführt. Bei Q9 trat das erste Mal nach Gabe wieder eine Verschlimmerung (leichte Rötung des Maules) auf, die als typische Spätverschlechterung gewertet wurde. Der Abstand der Gaben wurde daraufhin auf alle 2 bis 3 Tage verlängert. Bei Q12 auf 4 Tage, bei Q14 auf eine Woche. Nachdem auch da nach Gabe eine Verschlechterung eintrat, die erst nach zwei Tagen wieder abklang, wurde der Hund aus der Behandlung entlassen. Über einen Beobachtungszeitraum von mehr als einem Jahr blieb der Schäferhund ohne weitere schulmedizinische oder naturheilkundliche Behandlung vollständig beschwerdefrei (Toi, toi, toi).

Erläuterung wichtiger Fachbegriffe und Abkürzungen

Abdomen: Bauch

Acon: Aconitum napellus

Adipositas: Fettsucht

Adult: erwachsen

Allergie: Angeborene oder erworbene Überempfindlichkeitsreaktion des Immunsystems gegenüber körperfremden, eigentlich unschädlichen Substanzen

Allopathisch: nicht homöopathische Behandlungsmethoden

Alopezie: Haarausfall

Amyloidose: krankhafter Ablagerungsprozess veränderter Eiweiße außerhalb der Zellen, vermehrt im Alter auftretend

Anämie: Blutarmut

Anaphylaktischer Schock: lebensbedrohliche allergische Reaktion

Anisozytose: Vielgestaltigkeit des Zytoplasmaleibs

Anorganisches Phosphat: verändert sich z. B. bei Hyper- u. Hypoparathyreodismus

Arn: Arnica montana

Ars: Arsenicum album

Arteriosklerose: bindegewebige Verhärtung der Schlagadern, zum Beispiel durch Ablagerung von Blutfetten

Asthma: anfallsweise auftretende hochgradige Atemnot

Auskultieren: Abhören eines Organs

Autoimmunerkrankung: Erkrankung, bei der Antikörper gegen körpereigene Zellen gebildet werden

Apoplex: Schlaganfall

Arrhythmie: unregelmäßiger oder fehlender Herzrhythmus

Arthritis: Gelenkentzündung

Arthrose: degenerative Gelenkerkrankung

AST: (= GOT) = Leberenzym

Ataxie: Koordinationsstörung

Atrophie: Rückbildung von Zellen, Geweben und Organen

Azathioprin: Arzneimittel mit immunsuppressiver Wirkung

Balanitis: Entzündung der Eichel

Basophile Granulozyten: mit basischen Farbstoffen anfärbbare Granulozyten

Bell: Atropa belladonna

Brachyzephalie: Kurzköpfigkeit

Bradykardie: Abfall der Herzfrequenz

Bry: Bryonia alba

Calc: Calcium carbonicum

Carbo vegetabilis injeel®: Potenzakkord der Firma Heel

Carprofen: Arzneistoff, der entzündungshemmend, fiebersenkend und schmerzstillend wirkt

Chin: China

Clindamycin: Antibiotikum

Coenzyme compositum ad us vet®: Homöopathisches Kombinationspräparat (Heel)

Crataegus ad us vet.: Phytotherapeutikum der Firma DHU

Cutis compositum®: homöopathisches Kombinationspräparat (Heel)

Demodikose: durch Milben hervorgerufene parasitäre Hauterkrankung

Dermatitis: Hautentzündung

DHU: Deutsche Homöopathische Union

Diabetes mellitus: Zuckerkrankheit

Diarrhö: Durchfall

Diazepam: Beruhigungsmittel

Duodenitis: Dünndarmentzündung

Dysenteral®: Homöopathisches Komplexmittel Biokanol (Weravet)

Dyspepsie: Ernährungsstörung

Ektropium: Umstülpung des Lids nach außen

Ekzem: Hautausschlag

Elektrophorese: Suchmethode zur Bestimmung verschiedener Eiweißfraktionen des Blutes. Diese können

Hinweise auf bestimmte Krankheiten geben

Ellbogendysplasie: erblich bedingter, chronisch verlaufender Krankheitskomplex des Ellbogengelenks

Endometritis: Entzündung der Gebärmutterschleimhaut

Engystol ad us vet®: homöopathisches Kombinationspräparat (Heel)

Entropium: Einwärtskehrung der Lidränder

Eosinophile Granulozyten: mit dem Farbstoff Eosin anfärbbare Granulozyten; erhöhen sich typischerweise bei Parasitenbefall und Allergien

Epidermolyse: Spalt- und Blasenbildung in bestimmten Hautzonen

Epidermolysis bullosa acquisata: Autoimmunerkrankung

Epilepsie: Krampfanfall

Erythrozyten: Rote Blutkörperchen

Euthanasie: schmerzlose Tötung eines Tieres durch einen Tierarzt

Exophtalmus: Hervortreten des Augapfels aus der Augenhöhle

Exostose: Knochenzubildung

Fe: chemisches Symbol für Eisen

Felin: Adjektiv zu Felidae = Familie der Katzen

FeLV: Felines Leukosevirus

Ferrosal®: homöopathisches Komplexmittel Biokanol (Weravet)

FIP: Feline Infektiöse Peritonitis, Viruserkrankung

FIV: Felines-Immundefizienz-Virus = "Katzen-Aids"

Furunkel: eitrige Entzündung eines Haarfollikels

Gastroenteritis: Magen-Darm-Entzündung

Gastrointestinaltrakt: Magen-Darm-Trakt

Gingivitis: Zahnfleischentzündung

Globuli velati: besondere Form der Globuli

Glossitis: Entzündung der Zunge

Granulozyten: zu den Leukozyten gehörende Zellen

Graph: Graphites

Hämatokrit: Anteil der zellulären Bestandteile im gesamten Blutvolumen

HbE: Hämoglobingehalt pro Erythrozyt

Helicobacter pylori: Keim, der innerhalb der Schleimschicht des Magens lebt

Hepar compositum®: homöopathisches Kombinationspräparat (Heel)

Hämatom: Bluterguss

Hämoglobin: roter Blutfarbstoff

Heparin: Arzneistoff, der abschwellend und entzündungshemmend wirkt

Hepatomegalie: Lebervergrößerung

Herbivore: Pflanzenfresser

Hyperkeratose: Verdickung der Hornschicht der Haut

Hypertrophie: Vergrößerung

Hyperthyreose: Schilddrüsenüberfunktion

Hypochrom: hämoglobinarm

Hypochromasie: hypochrome Erythrozyten

Hypothyreose: Schilddrüsenunterfunktion

IgM: Frühantikörper

IgG: Antikörper; entsteht erst mehrere Wochen nach Ansteckung

Ign: Ignatia

Ikterus: Gelbsucht

Immunsuppression: Unterdrückung des Immunsystems

Insuffizienz: ungenügende Leistung eines Organs oder Organsystems

Iod: Iodum

K: chemisches Symbol für Kalium

Kachexie: Abmagerung

Kaninchenschnupfen: Sammelbegriff für verschiedene Infektionskrankheiten der oberen Atemwege

Kanz-: Krebs-
Karnivore: Fleischfresser
Katarakt: Trübung der Augenlinse
Klaustrophobie: Platzangst
Kolik: schmerzhafte Fehlfunktion des Verdauungstraktes
Konjunktivitis: Bindehautentzündung
Kreatinin: harnpflichtiger Stoff, der mit der Filtrationsrate der Niere korreliert
Kreatinkinase: Enzym, das z. B. bei chron. Niereninsuffizienz, Herzinfarkt u. Apoplex steigt
Lach: Lachesis
Laryngitis: Kehlkopfzündung
Leukozyten: Weiße Blutkörperchen
Leberzirrhose: chronische degenerative Lebererkrankung
Leishmaniose: Infektionserkrankung durch Protozoen, in Europa überwiegend im Süden vorkommend
Lipom: gutartige Fettgewebsneubildung
L-Tyroxin (= T4): Schilddrüsenhormon
LWS: Lendenwirbelsäule
Lyc: Lycopodium clavatum
Lymphozyten: zu den Leukozyten gehörende Zellen
Macula: pathologische Hautveränderung mit abweichender Färbung
Magaldrat: Magensäurebinder
MCHC: mittlerer zellulärer Hämoglobingehalt
m.E.: meines Erachtens
Medulla spinalis: Rückenmark
Merc: Mercurius solubilis
Metoclopramid (MCP): Arzneistoff, der die Magenleerung beschleunigt und Darmbewegung anregt
Metronidazol: Chemotherapeutikum, Wirkung ähnlich einem Antibiotikum gegen Anaerobier
Mitralklappe: Herzklappe zwischen linkem Vorhof und Kammer

Monozyten: zu den Leukozyten gehörende Zellen
Mucokehl D3-Salbe®: isopathisches Arzneimittel (Sanum-Kehlbeck)
Musculus brachiocephalicus: Oberarm-Kopfmuskel
Na: chemisches Symbol für Natrium
Nat m: Natrium muriaticum = Natrium chloratum
Nosode: homöopathische Arzneimittel, die aus krankmachendem Material hergestellt werden
o. B.: ohne Befund
Obstipation: Verstopfung
Ödem: Ansammlung von Flüssigkeit im Gewebe
Omnivore: Allesfresser
Organotrop: organbezogen
Palpieren: abtasten
Pankreas: Bauchspeicheldrüse
Parenchym: Funktionsgewebe der Organe
Parenteralia: sterile Zubereitungen, die z. B. zur Injektion benutzt werden
Parodontitis: Entzündung des Zahnbettes
Pathologisch: krankhaft
Petr: Petroleum
Phlegmone: sich ausbreitende Infektion der Weichteile
Phos: Phosphorus
Physiognomie: äußere Erscheinung
Physiotherapie: Behandlungsmethode mit äußerlichen Anwendungen zur Wiederherstellung der Funktionsfähigkeit
Phytotherapeutisch: pflanzenheilkundlich
Prednisolon: Glukokortikoid
Polydipsie: gesteigertes Durstempfinden und vermehrte Flüssigkeitsaufnahme
Propentofyllin: Arzneistoff, der gefäßerweiternd wirkt
Prostatahyperplasie: meist gutartige Vergrößerung der Vorsteherdrüse

Puls: Pulsatilla

Pyometra: Gebärmuttervereiterung

Ranitidin: Arzneistoff: H2-Rezeptoren-blocker: hemmt die Magensäure-produktion

Rekonvaleszenz: Genesung

Rhagade: Schrunde

Rheuma: unterschiedlichste Krankheits-bilder des Bewegungsapparates ver-schiedenen Ursprungs

Rhinitis: Schnupfen

Rhus t: Rhus toxicodendron

Rivanol®: Ethacridinlactat, Antiseptikum, wirkt wundheilungsfördernd

Ruta: Ruta graveolens

Segmentkernige Granulozyten: reife Granulozyten

Sep: Sepia

Sepsis: Allgemeininfektion infolge der Ausschwemmung von Mikroorganismen in die Blutbahn, ausgehend von einem Herd (Blutvergiftung)

Serös: aus Serum bestehend

Sil: Silicea

Sinusitis: Nasennebenhöhlen-entzündung

Skrotum: Hodensack

Spondylose: chronisch-degenerative Erkrankung der Wirbelsäulengelenke

Stomatitis: Mundschleimhautentzün-dung

Sulf: Sulfur

Suppositorium: Zäpfchen

T4: siehe L-Tyroxin

Tendovaginitis: Sehnenscheiden-entzündung

Tenesmus: schmerzhafter Stuhldrang

Theophyllin: Arzneistoff, der die Atem-wege erweitert und die Leistungskraft des Herzens steigert

Thiamazol: Thyreostatikum; hemmt die Bildung der Schilddrüsenhormone

Thrombozyten: Blutplättchen

Toxoplasmose: meist harmlose Infekti-onserkrankung durch Protozoen

Trauma: Verletzung

Triglyzerid: Blutfettwert

TSH: Hormon der Hypophyse, das die Schilddrüse zur Hormonbildung stimuliert

Ubichinon compositum®: homöopa-thisches Kombinationspräparat (Heel)

Ulkus, Ulzera: Geschwür(e)

Urogenitaltrakt: Harn- und Geschlechts-trakt

Vena cava: Hohlvene

Verat: Veratrum album

Verschreibungspflicht: regelt die Abgabe von bestimmten Arzneimitteln an den Verbraucher. Diese dürfen nur auf Vorlage einer ärztlichen, zahnärztlichen oder tierärztlichen Verschreibung abgegeben werden

Wolfszahn: erster Prämolar beim Pferd, der beim Reiten mit Gebiss Schmerzen verursachen kann. Diese Zähne erschei-nen nicht bei jedem Pferd

ZNS: Zentralnervensystem

Zottenbildung der Sehnenscheide: pathologische Zubildungen der Sehnen-scheide

Zyanose: blau-rote Färbung von Haut- und Schleimhäuten in Folge von Sauer-stoffmangel im Blut

Zyste: durch eine Kapsel sackartiger Tumor mit flüssigem Inhalt

Zytoplasma: Plasma der Zelle

Literaturverzeichnis

Bönninghausen, Clemens Maria Franz (1992): Therapeutisches Taschenbuch. 2. Auflage. Jungjohann Verlagsgesellschaft, Neckarsulm, Stuttgart

Cahis, Manuel (1911) zit. nach Henniger, Christel (2003): Q-Potenzen und Potenzakkorde – eine Parallelentwicklung. Allgemeine homöopathische Zeitung 248, 132 – 140

Choudhury Harimohon (2004): LM-Potenzen in der Homöopathie. 1. Auflage. Karl F. Haug Verlag, Stuttgart

Deiser, Rudolf (2002): Taschen-Repertorium der homöopathischen Tiermedizin. 2. Auflage. Sonntag Verlag, Stuttgart

Dorcsi, Mathias. (1976): Allopathie und Homöopathie. Zeitschrift für Klassische Homöopathie 20, 02, 65 – 69

Fenner, William R (Hrsg.) (1997): Kleintierkrankheiten. Differentialdiagnostik und Therapie in der Praxis. Paperback-Sonderausgabe 1997. Ferdinand Enke Verlag, Stuttgart

Hahnemann, Samuel (2006): Organon der Heilkunst. 6. Auflage. Narayana Verlag, Kandern

Hahnemann, Samuel zit. nach Bentz, H. (1956): Gedanken Hahnemanns zur tierärztlichen Homöopathie. Allgemeine homöopathische Zeitung 201, 23 – 25

Homöopathisches Arzneibuch 2006: Amtliche Ausgabe. Band 1. Allgemeiner Teil. Allgemeine Monographien. Monographien A – D: Deutscher Apotheker Verlag Stuttgart, Govi-Verlag Pharmazeutischer Verlag GmbH, Eschborn

Kent, James Tyler (1998): Homöopathische Arzneimittelbilder Band 1. Karl F. Haug Verlag, Heidelberg

Kent, James Tyler (2002): Homöopathische Arzneimittelbilder Band 2. Karl F. Haug Verlag, Stuttgart

Kent, James Tyler (2001): Homöopathische Arzneimittelbilder Band 3. Karl F. Haug Verlag, Heidelberg

Matthes Siegfried (2002): Kaninchenkrankheiten. Krankheiten vorbeugen, erkennen, behandeln. Vollst. überarbeitete 4. Auflage. Oertel & Spörer Verlag, Reutlingen

Löw, Gunter; Reinhart, Erich (2001): Kommentiertes Symptomenverzeichnis der Biologischen Tiermedizin. Aurelia-Verlag, Baden-Baden

Pschyrembel, Willibald (2007): Klinisches Wörterbuch. 261. Auflage. Walter de Gruyter, Berlin

Rijnberk, Adam; de Vries, Hans W. (Hrsg.) (2004): Anamnese und körperliche Untersuchung kleiner Haus- und Heimtiere. 2., unveränderte Auflage. Enke Verlag, Stuttgart

Schroyens, Frederik (Hrsg.) (2005): Repertorium homoeopathicum syntheticum – Edition 9.1. Hahnemann Institut, Greifenberg

Steingassner, Hans Martin (2004): Homöopathische Materia medica für Veterinärmediziner. 3. neubearbeitete und ergänzte Auflage. Verlag Wilhelm Maudrich, Wien

Striezel, Andreas (Hrsg.) (2004): Geriatrie in der naturheilkundlichen Tiermedizin. Gesundheit für ältere Haustiere. Sonntag Verlag, Stuttgart

Teut, Michael (2006): Integration der Homöopathie in die geriatrische Akutklinik. Allgemeine homöopathische Zeitung 251, 5 – 10

Tiefenthaler, Alois (2003): Antihomotoxische Therapie in der Tiermedizin : Therapieschemata nach Krankheitsphasen. Aurelia-Verlag, Baden-Baden

Vithoulkas, Georgos (2005): Die Praxis homöopathischen Heilens. 6. Auflage. Urban & Fischer Verlag, München

Voegeli, Adolf (1988): Die Dosierung in der Homöopathie. Zeitschrift für Klassische Homöopathie 32, 05, 183 – 191

Voisin, Henri (1960) zit. nach Henniger, Christel (2003): Q-Potenzen und Potenzakkorde – eine Parallelentwicklung. Allgemeine homöopathische Zeitung 248, 132 – 140

Weigel, Günter (2001): Praxisleitfaden. Sanum-Therapie nach Prof. Enderlein und ergänzende Maßnahmen. 1. Auflage. Semmelweis-Verlag, Hoya

Wolff, Hans Günter (1979): Hahnemann und die Tierheilkunde. Allgemeine homöopathische Zeitung 224, 106 – 111

Wolter, Hans. (1977): Prinzipielle Überlegungen zur homöopathischen Behandlung. Zeitschrift für Klassische Homöopathie 222, 02, 60 – 68

Wolter, Hans (1996): Klinische Homöopathie in der Veterinärmedizin. 6. Auflage. Haug, Heidelberg

Verzeichnis der homöopathischen Mittel

Stichwortverzeichnis

Umschlagfoto: mauritius images / Christine Steimer

Die Autorin
Sarah Renner ist Tierheilpraktikerin und führt eine eigene Praxis im Westerwald.

Bibliografische Information der Deutschen Nationalbibliothek
Die Deutsche Nationalbibliothek verzeichnet diese Publikation in der Deutschen Nationalbibliografie; detaillierte bibliografische Daten sind im Internet über http://dnb.d-nb.de abrufbar.

© 2008 Eugen Ulmer KG
Wollgrasweg 41, 70599 Stuttgart (Hohenheim)
E-Mail: info@ulmer.de
Internet: www.ulmer.de
Lektorat: Antje Springorum
Herstellung: Ulla Stammel
Umschlagentwurf: Freiraum K, Karen Neumeister, Stuttgart
Innenlayout und dtp: DOPPELPUNKT Auch & Grätzbach GbR, Stuttgart
Druck und Bindung: Freiburger Graphische Betriebe, Freiburg
Printed in Germany

ISBN 978-3-8001-5635-1